国外油气勘探开发新进展丛书（十六）

油页岩开发

——美国油页岩开发政策报告

〔美〕Ike S.Bussell 编

陈 军 王 瑞 译

U0322853

石 油 工 业 出 版 社

内 容 提 要

本书是关于美国油页岩开发政策论证方面的著作，从美国油页岩开发历史、技术、经济、成本、环保及政策等方面为决策者提供了多维度的参考依据。本书对关注能源供给的有关官员、专家和学者具有现实借鉴意义。

本书可供石油石化行业决策者、石油石化员工及大专院校相关专业师生参考阅读。

图书在版编目（CIP）数据

油页岩开发：美国油页岩开发政策报告 /（美）艾克·布塞尔（Ike S.Bussell）编；陈军译 . —北京：石油工业出版社，2017.9

（国外油气勘探开发新进展丛书 . 十六）

书名原文：Oil Shale Delelopments

ISBN 978–7–5183–1979–4

Ⅰ . 油… Ⅱ .① 艾… ② 陈… Ⅲ .① 油页岩 – 油气田开发 – 研究报告 – 美国 Ⅳ .① P618.130.8

中国版本图书馆 CIP 数据核字（2017）第 161622 号

Oil Shale Developments

Edited by Ike S. Bussell

ISBN: 978–1–60741–475–9

Copyright © 2009 by Nova Science Publishers, Inc.

All rights reserved.

本书经 Nova Science Publishers, Inc. 授权石油工业出版社有限公司翻译出版。版权所有，侵权必究。

北京市版权局著作权合同登记号：01-2017-8834

出版发行：石油工业出版社

（北京安定门外安华里 2 区 1 号　　100011）

网　　址：www.petropub.com

编辑部：（010）64523541　　图书营销中心：（010）64523633

经　　销：全国新华书店

印　　刷：北京中石油彩色印刷有限责任公司

2017 年 9 月第 1 版　2017 年 9 月第 1 次印刷

787×1092 毫米　开本：1/16　印张：9.75

字数：200 千字

定价：65.00 元

（如出现印装质量问题，我社图书营销中心负责调换）

序

    为了及时学习国外油气勘探开发新理论、新技术和新工艺，推动中国石油上游业务技术进步，本着先进、实用、有效的原则，中国石油勘探与生产分公司和石油工业出版社组织多方力量，对国外著名出版社和知名学者最新出版的、代表最先进理论和技术水平的著作进行了引进，并翻译和出版。

    从 2001 年起，在跟踪国外油气勘探、开发最新理论新技术发展和最新出版动态基础上，从生产需求出发，通过优中选优已经翻译出版了 15 辑 80 多本专著。在这套系列丛书中，有些代表了某一专业的最先进理论和技术水平，有些非常具有实用性，也是生产中所亟需。这些译著发行后，得到了企业和科研院校广大科研管理人员和师生的欢迎，并在实用中发挥了重要作用，达到了促进生产、更新知识、提高业务水平的目的。部分石油单位统一购买并配发到了相关技术人员的手中。同时中国石油天然气集团公司也筛选了部分适合基层员工学习参考的图书，列入"千万图书下基层，百万员工品书香"书目，配发到中国石油所属的 4 万余个基层队站。该套系列丛书也获得了我国出版界的认可，三次获得了中国出版工作者协会的"引进版科技类优秀图书奖"，形成了规模品牌，获得了很好的社会效益。

    2017 年在前 15 辑出版的基础上，经过多次调研、筛选，又推选出了国外最新出版的 6 本专著，即《提高采收率基本原理》《油页岩开发——美国油页岩开发政策报告》《现代钻井技术》《采油采气中的有机沉积物》《天然气——21 世纪能源》《压裂充填技术手册》，以飨读者。

    在本套丛书的引进、翻译和出版过程中，中国石油勘探与生产分公司和石油工业出版社组织了一批著名专家、教授和有丰富实践经验的工程技术人员担任翻译和审校工作，使得该套丛书能以较高的质量和效率翻译出版，并和广大读者见面。

    希望该套丛书在相关企业、科研单位、院校的生产和科研中发挥应有的作用。

中国石油天然气集团公司副总经理

赵政璋

译 者 前 言

　　本书是关于美国油页岩开发政策论证方面的著作。油页岩是重要的能源矿藏，地下蕴藏量巨大，具有替代传统石油能源的潜力。美国的油页岩开发历史悠久，在世界油页岩开发史上具有典型代表意义。由于油页岩是固体矿藏，且多数埋藏较深，有效开发油页岩面临许多技术挑战，开采成本高，对自然和人文环境的负面影响大，加之不时受到石油价格的直接冲击，因此美国的油页岩开发几起几落，数度浮沉。进入 21 世纪后，世界经济发展加速，尤其是新兴发展中国家快速崛起，对石油能源的需求加大，原油价格节节攀升，屡创新高，经济活动能源成本大幅上升。在此背景下，开发美国国内巨量的油页岩资源再度引起人们的兴趣，但油页岩开发仍然面临技术难题、水资源消耗、环境污染、政策法规不完善、成本高企、炼制工艺及产品性能等方面的问题，一时间，引起业内专家、政府官员、商业机构、行业公司、环保团体和社区商家等各界人士的广泛讨论。人们需要能源，更需要优美、和谐的自然与人文环境，人们又该何去何从？

　　美国政府为了合理开发国内巨量的油页岩资源，满足国内经济发展与国防安全的需要，分别邀请了专家学者、政府官员和环保人士等到国会各专业委员会进行听证论证，本书即是多次国会听证报告的汇编。本书从美国油页岩开发历史、技术、经济、成本、环保及政策等方面为政府决策者提供了多维度的参考依据，避免政府决策者偏听偏信，盲目决策，以免给行业发展带来灾难性后果。当前中国也面临同样的问题，层出不穷的新能源，比如太阳能、风能、生物质能源、页岩气和水合物等，如何从技术、成本、环保、政策等角度，引导、鼓励和规范各类投资者慎重、科学地开发这些资源，是各级政府迫切需要解决的问题。本书尤其对政府决策者、技术开发者和有关能源领域的专家学者具有现实的指导意义。

　　由于本书还概述了世界范围内其他国家的油页岩资源，书中涉及一些国家的油页岩开发历史、构造、地层、地名等信息，对于一些生僻或非英语词汇，尤其是地名，翻译过程中总是先查阅专业书籍、词典，或进行网上搜索，上述途径都无法查证的，译者就进行音译处理了。译者对原书个别明显错误的地方也做了修正。

　　全书的翻译耗费了大量时间，有时为一句话，甚至一个词，耗费几天时间，查阅大量的文献，也未必处理得准确、机巧，同时受个人学识、能力所限，书中遗误在所难免，深望读者批评指正。

西南石油大学石油与天然气工程学院　陈军

2017 年 4 月

原 书 前 言

本书回顾了美国国内最大的、尚未开发并具有降低国外石油依赖度的油页岩资源开发历程。世界上 70% 以上的油页岩资源蕴藏在美国。这些油页岩矿藏拥有 1.5×10^{12} bbl❶ 页岩油。若仅能采出其中的 8000×10^8 bbl，这些油品供应量就足以满足当前美国国内 100 年甚至更长时间的石油需求。2005 年的《能源安全法案》表明，美国政府最后会鼓励开发这些珍贵的油页岩资源。自 20 世纪 70 年代以来，美国国内原油产量一直在递减，而原油需求却在逐渐增加，致使美国越来越依赖进口原油。不过，在美国国内生产页岩油，还存在一些尚待解决的问题。本书多数讨论集中在一些主要问题上，例如：（1）有开发油页岩的技术吗？这些技术能大规模开发油页岩吗？（2）生产页岩油有利可图吗？（3）页岩油生产能在保证环境安全的前提下进行吗？（4）油页岩开发对当地社会、经济有影响吗？油页岩生产是投资大、风险高、周期长的开发项目，而且联邦政府控制了多数资源。因此，联邦政府将最终决定页岩油生产是否能达到足够的水平，以保证经济增长与国家能源安全。

---

❶ 1bbl=158.9873dm³。

目录

美国内政部国土及矿产管理局史蒂芬·阿尔雷德的报告——监管听证：油页岩

（参议院能源及自然资源委员会，2008-5-15）

主席先生和各位委员，谢谢你们给我机会，让我参加这个监管听证会，讨论联邦国土下蕴藏的油页岩资源开发问题。

我理解该委员会在编制 2005 年《能源政策法案》第 369 款所起的主要领导作用，它指导内政部做好必要的准备以适应未来联邦国土下油页岩商业开发的需要。

该听证会是在原油价格将创历史新高、能源价格以多种方式深刻影响国民经济和市民生活且具挑战的时刻进行的。随着能源需求持续高涨，我们必须关注未来能源供应的安全。在可预见的未来，美国的发展仍将依赖石油的供应，而油页岩是国内资源，如果将其开发出来，将有助于满足国内需求。美国总的能源消耗将增加 19%，而中国和印度的需求则将翻倍。未来 25 年内，各种能源的国内生产，包括原油、天然气、煤炭和可再生能源，对美国的经济发展是非常重要的。因此，这个听证会就显得极其必要。

油页岩具有迎接这个挑战的潜力。联邦政府必须马上行动起来，破解未来的能源需求难题。开发新的能源，需要大量的时间和私有资本。《能源政策法案》第 369 款确定了商业油页岩租赁的最后规章，这些油页岩法律条款为环境友好、经济可行的油页岩工业开发提供了保障，这有助于满足未来的能源需求。因此，我敦促国会取消目前有关油页岩开发的限制条款。

2004 年内政部启动了油页岩租赁项目，基于油页岩的研究、开发和示范项目，制定了《能源政策法案》第 369 款，该条款指导内政部秘书处编制了《纲领性环境影响报告》和《油页岩商业租赁规章》。《纲领性环境影响报告》和《油页岩商业租赁规章》包括三个方面的内容：（1）在推广至商业化规模开发前，允许油页岩研究、开发和示范项目在经济和环境可接受范围内试验其相关技术；（2）编制《纲领性环境影响报告》确定科罗拉多州、犹他州和怀俄明州地质上最有利的油页岩勘探区块；（3）编制《商业油页岩开采规章》，便于有关公司的油页岩研究、开发和示范项目投资决策，并且在技术、经济和环境方面可行时，联邦政府能够实施商业油页岩租赁项目。上述各环节相互关联，而且每个环节在充分考虑社会和环境影响下可公开、开放地执行。在发挥这种巨量资源的潜力前，形成完备的油页岩规章是至关重要的。遗憾的是，2008 年的《综合拨款法案》禁止国土管理局利用 2008 财年的资金出版油页岩开发的最终规章。

尽管禁止国土管理局出版这个最终规章，但国土管理局仍打算 2009 年出版建议的油页岩开发规章。这些规章为潜在的油页岩商业开发提供了一个基本框架。不过，最终规章出台的不确定性，使油页岩行业不愿投资必要的研究工作，致使国家在寻求多种途径确保能源安全时，这种储量丰富的国内油页岩资源将长期得不到开发利用。

一、《纲领性环境影响报告》

国土管理局出版并认可了对未来油页岩和油砂开发的《〈纲领性环境影响报告〉草案》的评论。该草案不是租赁文件，但可用作分析科罗拉多州、犹他州和怀俄明州地质上最有利的油页岩区块土地调配的通知决议。《〈纲领性环境影响报告〉草案》的结论将确定可公开接受油页岩和油砂租赁申请的土地，并将修改 12 项有关的土地使用计划。目前，森林和国家公园土地尚未包含在这类资源的开发分析之内。需要特别说明的是，将来任何租赁和开发都取决于现场和特定项目的成功环评。

研究、开发和示范项目将决定商业可行性技术，基于此，在租赁之前可进行适宜区块的环境评估。

《〈纲领性环境影响报告〉草案》是在 14 家协作机构的帮助下编制完成的，这些机构包括科罗拉多州、犹他州和怀俄明州以及这些州的几家地方政府。该草案于 2007 年 12 月出版并公开发行，且提供了 90 天的评价期。应科罗拉多州和其他一些州的要求，增加了 30 天的评价期。公开评价期于 2008 年 4 月 21 日结束，其间收到了 10 多万份评价文件，目前正在对其审核。最后的《〈纲领性环境影响报告〉计划》于 2008 年夏天晚些时候完成，最终的裁定计划在今年底完成。需要注意的是，在研究、开发和示范项目提供可行性技术和租赁环境影响报告完成前，不会有租赁项目出现。

二、油页岩规章

《能源政策法案》第 369 款同时指导内政部秘书处编制了建立商业油页岩租赁项目的开发规章，该规章正在完善中，以便与《能源政策法案》的总体目标一致。国土管理局油页岩项目将促进油页岩经济可行、环境友好地开发生产，从而扩大当前美国国内的原油生产，同时有效应对油页岩开发对州及当地社区的潜在负面影响。

国土管理局计划 2008 年夏天出版建议的规章供公众审核和评价，旨在为将来的油页岩行业管理、决策提供路线图。他们整合了《能源政策法案》的实用条款和 1920 年版的《矿产租赁法案》，规定了油页岩租赁规模、最大面积限制以及租金费率。《能源政策法案》中建议的规章同样包含一些指导原则，用以制定工作要求和关键措施，确保租赁区的有效开发。此外，建议的规章将考虑整合 2006 年 8 月国土管理局制定规章时收到的主要评价意见。

推动这些规章的出台并不意味着油页岩的开发可以马上着手进行。相反,有了通过深思熟虑而编制的规章,在经过公众的全面审核后,可为将来符合环境要求的油页岩商业化开发打下基础。有了规章提供的行政管理和调整措施,能源公司将有信心调配财源支持他们的研究、开发和示范项目,并推动可行性技术的研发。而实际的商业化开发和生产将取决于研究、开发和示范项目的准备程度以及具体、特定的区块环境评估结果。

前面已经讨论过,为与2008年度的《综合拨款法案》说法一致,国土管理局不会利用2008年度的资金编制并出版最终的油页岩规章,不过,该机构正以慎重的方式积极推动油页岩开发的建议规章的出版。这些建议规章将整合已收到的评价意见。该建议规章的出版将为公众和有关利益团体提供进一步评价的机会,并保证他们对重要问题的关注。

三、研究、开发和示范项目

内政部一直是推动油页岩开发技术的研究、开发和示范项目在联邦土地上实施的领导者。内政部于2004年启动了油页岩专门工作组,审核联邦土地上各种油页岩开发的可行性,并于2005年启动了油页岩研究、开发和示范项目。国土管理局在通过竞标程序后,在科罗拉多州西北部和犹他州东北部公共土地上批准了6家公司的油页岩研究、开发和示范项目,这些项目为工业界开发油页岩、促进油页岩开发技术进步开辟了道路。尽管有丰厚的回报潜力,但投资者面临新技术开发和规章及行政管理不确定性风险的挑战。基于在私营企业的经验,我坚定地认为现在就需要公布油页岩开发规章,这有助于减小规章的不确定性,为相关公司当前和未来投资开发油页岩决策提供必要的政策框架。

由于没有确定的投资回报,油页岩的研究需要大笔的私营资本投入。第369款的精明之处在于它认为私营企业而不是美国纳税人将带动这轮投资。不过,为了实现这个目标,即让私营企业大笔投资,需要提供竞技的平台和一套清晰明确的规章,亦称为"道路规则"。现在制定规章框架有助于将来形成生产方案。当前联邦政府对油页岩规章的悬而不决会极大地挫伤我们保障国家能源安全的热情。

四、油页岩前景

美国国内原油产量的下滑,将会增加能源成本。专家预测油价上涨趋势不变,美国家庭由此将承担额外的负担。展望传统能源外的非常规能源和可替代能源,内政部在油页岩开发中将起主导作用。美国油页岩资源满足国家能源需求的潜力是惊人的。美国地质调查局评估认为,美国的油页岩储量为2.1×10^{12}bbl,其中1.5×10^{12}bbl分布于科罗拉多州、犹他州和怀俄明州的绿河盆地中。即使这些资源的一小部分最终能被开采出来,都将对美国的能源供应产生巨大的影响。战略非常规燃料专门工作组估计,只要技术和经济条件成熟,可从油页岩资源中开采出多达 $8000 \times 10^8 bbl$ 的当量原油，这足以替代 180 余年的普通原油进口量。

五、结论

　　谢谢你们提供机会让我陈述我们的研究进展以及为在联邦土地上商业化开发油页岩制定规章所面临的挑战。我在前面已经说过，最终规章发布的延误将挫伤私营企业投资研究和开发的积极性，并将导致相当程度的不确定性，从而影响到油页岩经济和环保开发技术的投资。我敦促国会取消限制，允许我们继续推动联邦土地上油页岩商业化开发的最终规章公开化进程。

油页岩勘探公司詹姆斯·汉森的报告

（参议院能源及自然资源委员会,2008-5-15）

主席先生,各位委员,我是詹姆斯·汉森,在此我代表油页岩勘探公司（通常称为 OSEC）做陈述性发言。谢谢你们给我机会,能让我在参议院能源及自然资源委员会讨论事关美国未来的、至关重要的能源——油页岩。

一、美国油页岩资源

美国拥有许多天然资源,包括蕴藏于油页岩中尚未开发的能源资源。世界上超过 70% 的油页岩资源在美国,且主要分布在科罗拉多州、犹他州和怀俄明州的绿河盆地中,这些地区页岩油储量超过 1.5×10^{12} bbl。从这些资源中,即便只采出其中的 8000×10^8 bbl,仅这些原油就能够满足国内 100 年甚至更长时间的石油需求。

二、世界其他国家油页岩资源

世界范围内,至少还有 15 个国家发现了油页岩储层,一些国家依靠这些国内资源的开发部分或全部满足他们的需求。目前,巴西、中国、爱沙尼亚和俄罗斯的油页岩已投入开发,而以色列、澳大利亚、摩洛哥以及其他一些国家正在做油页岩的开发准备。

三、美国在油页岩领域已做的工作

人们知道美国西部和东部一些州埋藏有油页岩已有 100 多年历史了。1859 年,宾夕法尼亚州的常规油井投产后,国内东部油页岩早期开发工作就停顿了。第一次世界大战期间,原油的短缺促进了非常规燃料的勘探,西部油页岩富集区的发现引起了人们的关注,当时掀起了开发西部油页岩资源的热潮,国家也期盼油页岩满足未来的能源需求。1920 年,通过了《矿产租赁法案》,该法案允许政府以可控的步伐租赁油页岩土地,但随后西得克萨斯州和俄克拉何马州发现了大量的黑油储量,油页岩因此失去了吸引力。

第二次世界大战期间,油页岩又成为解决军需的方案,政府在矿产局支持下,在科罗拉多州安维尔·伯英兹市设立了油页岩研究中心。战后,油页岩开发的热情又衰减了,这是因为阿拉斯加州的油田和进口原油足以满足国家的需求了。

1973 年,欧佩克的石油禁运再次迫使政府转向国内原油供应,并于 1974 年在科罗拉多州和犹他州颁发了史上第一批油页岩租赁许可证。1980 年,卡特政府成立了合成燃料公司,大家认为我们将在减少进口原油方面有所作为。但是，20世纪80年代全球范围内的油价下跌，导致所有的油页岩政府项目被取消，十多个主要的油页岩项目也于1985年终止。

1985—2005年，美国就没有协调开发过主要的非常规燃料，包括油页岩。而同一时期，加拿大却开发了油砂资源，现在其日产量超过100×10^4bbl，其中很大一部分出口到美国。加拿大的油砂开发已获得巨大成功，其产量也持续攀升。假如美国在1985年后继续运行其油页岩项目，则现在我们应该在国内生产页岩油了。

同样，1985—2005年，没有联邦政府油页岩项目，没有大额的油页岩项目预算，没有相应的开发政策，也没有颁发联邦政府油页岩资源许可证。后来，2005年的《能源安全法案》提供了机会，可以获得联邦政府油页岩研究项目租赁许可，每个项目160acre❶土地。国会再次认为是时候开发油页岩了，尤其是政府控制了80%以上的西部油页岩资源，只要政府提供土地，就再没有其他的障碍了。

四、美国油页岩领域目前的研究项目

2005年的《能源安全法案》表明，美国政府终于鼓励开发这些珍贵的油页岩资源了。20世纪70年代以来，尽管国内的能源需求持续上升，但国内的原油生产不断下降，导致我们越来越依赖进口，而这些进口的原油很大一部分又来自对美国并不友好的国家。现在，油页岩是减少国外原油依赖潜力最大且尚未开发的国内资源。

最近，能源部和非常规燃料专门工作组联合国防部与内政部完成的报告清楚地说明了美国油页岩资源的价值，同时表明：若有适宜的政府油页岩项目和正确指导，到2030年，美国的页岩油产量可达到日产200×10^4bbl的规模。

不过，人们质疑国内开发页岩油的能力，担忧的主要问题有：（1）现有技术能否在油页岩开发中大规模运用？（2）页岩油生产是否有经济效益？（3）页岩油生产是否符合环保要求？（4）在油页岩开发地区，页岩油生产对当地社会、经济会产生怎样的影响？

2005年颁布的《能源安全法案》旨在回答这些问题，而且业界也加快了合作步伐。不过进展缓慢，并期望在大规模开发油页岩之前进行的中间过渡研究项目中逐步回答这些问题。2007年，颁发了6个研究、开发和示范租赁许可证，其中5个在科罗拉多州（壳牌公司3个、雪佛龙公司1个、EGL资源公司1个），另一个在犹他州境内（油页岩勘探公司）。上述各公司正在进行油页岩项目的相关研究工作，还有一些公司在私人和政府的土地上从事类似工作。尽管各家公司技术方法可能不同，但他们都竭尽全力试图回答同样的关键问题。投资者只有在确信油页岩风险可控且政府支持后，才会进行油页岩的商业化开发。

因而，油页岩又受到人们的关注，但仍未达到应有的高度。业界渴望深化油页岩的研究项目，但需要联邦政府明确的支持、合作与帮助。油页岩的成功开发需要昂贵的、高风险的

---

❶ 1acre=4046.86m²。

且耗时的先期研究项目的支撑。联邦政府控制着多数油页岩资源,而且对于在何种程度上开采油页岩以改善我们的经济发展和能源安全环境具有最终的决定权。

此前联邦政府中断油页岩研究项目,取消建议的租赁区块,都给业界留下了深刻的印象。我们不能又重启—停止相关的油页岩项目。我们的国家再也等不起,现在是确定长期开发油页岩及其他非常规燃料的最佳时机。

五、油页岩勘探公司油页岩项目概况

2007 年,在犹他州尤因塔县白河矿的闲置土地上,油页岩勘探公司获得了国土管理局授权的 160acre 油页岩的研究、开发和示范租赁许可。1974 年,国土管理局曾授权太阳公司、菲利普公司和索亥俄公司对 Ua 和 Ub 租赁区块进行油页岩的商业开发,由于原油价格下跌,20 世纪 80 年代早期,政府放弃了油页岩项目,1985 年这几家公司就放弃了这两个租赁区,矿权又回到政府手中。从此,这一搁置就是 20 多年。

油页岩勘探公司在这块土地上启动了雄心勃勃的研究计划。它的方法是使用传统的井下采矿工艺开采油页岩,然后通过地面的蒸馏罐提纯工厂进行处理,这有别于科罗拉多州一些研究项目的井下处理技术。

2007 年 9 月,油页岩勘探公司在加拿大卡尔加里市的一家蒸馏罐提纯试验工厂测试了 300t 犹他州油页岩。该试验项目非常成功,油页岩勘探公司目前正在开发白河矿油页岩,并继续推进相关的技术验证项目,旨在回答有关的技术、经济和棘手的环境问题。

随着油页岩勘探公司项目的成熟,后续的研究和示范项目花费将降至数百万美元,在此基础上,可最终确定是否修建日处理能力 5×10^4 bbl 或更多的商业化蒸馏工厂。随着花销和风险的上升,与其他油页岩开发集团一样,油页岩勘探公司将审视联邦政府是否支持油页岩开发。

目前能源部没有油页岩项目,尽管油页岩可以生产出优质的运输用燃料,包括重要的航空燃料和军用柴油。国防部对油页岩制备燃油倒是很有兴趣,但却不予以指导,也不拨款支持。国土管理局受命延缓建议的商业化租赁项目的步伐,并推迟发布相关规章。

如果油页岩勘探公司的研究项目成功(它自信会成功的),在其实施更高昂的联邦研究、开发和示范项目之前,它想知道获取优惠租赁许可的条件。而未来的商业化租赁条件取决于租赁规章,而这个规章的发布又推迟了。

六、联邦政府实施油页岩项目的必要性

从工业界的角度看,联邦政府似乎反对开发油页岩。因为联邦政府资助了太阳能、风能、生物质能、乙醇、煤成气、清洁煤及其他形式的能源研究和开发项目,而对非常规能源(油页岩、稠油、油砂和煤液化)几乎无所作为。实际上,非常规能源在增加国内能源供应、

促进国民经济发展和国防安全方面是最有潜力的。

随着各国工业化提速和人口的增长，全球原油供应持续下滑，而需求却不断增加。控制世界原油供应的欧佩克成员国国力的增强威胁着美国的全球领导地位，许多欧佩克成员国与美国是对抗的，他们对全球原油供应和价格的控制威胁着我们的生活水平和国家安全。面对这种局面，还要推迟开发国内的油页岩资源，我们实在是等不起了。我们已经失去了过去的 20 年，不能再推迟油页岩的开发了。

尽管我们考虑了所有形式的能源供应（包括积极的节能项目），耗费了大量的资金和人力、物力资源（本可以用到其他地方的）去获取能源，但其中的许多能源对解决燃油短缺问题作用很小，是时候考虑我们忽略太久的油页岩了。

七、《多米尼西法案》

我们已经看到了可喜的局面，多米尼西议员和他的共同提案人已意识到了问题的严重性，并愿意迎面正视它。我们正处于能源的困局之秋，如果美国不处理面临的能源问题，局面将变得更糟糕。整个世界都在观望着：美国在能源开发方面踟蹰不前，正在错失良机。现在正是两党协作联袂提出建议的绝佳时机，以便我们踏上实质性的国内能源开发之路，这胜过幻想和自我感觉良好的坐而论道。这个法案（《多米尼西法案》）将使我们走上正确之路，我们已准备好提供更多的建议和帮助。政府和工业界之间还需要几年时间共同努力和合作。如果政府确信将致力于支持国内能源开发之路，工业界将义不容辞，担负起相应的责任。

壳牌勘探与生产公司对外与法规事务部
特利·奥科勒尔的报告——非常规油

（参议院能源及自然资源委员会，2008-5-15）

宾格曼主席，尊敬的多米尼西议员，各位委员，今天能有机会与大家讨论美国的油页岩开发问题，我感到很高兴。

首先讨论一下我们今天面对的全球能源挑战。壳牌勘探与生产公司（以下简称壳牌公司）认为，未来的全球能源格局将直面下述三个铁的事实：

第一，全球的能源需求将加速，而不仅是增长，是加速。因为中国，尤其是印度的发展进入了能源需求旺盛时期。

第二，易于开发的原油将艰难地应对不断增长的能源需求。

第三，煤炭用量的增加（这种化石燃料有成本优势），将导致更高的二氧化碳排放，并可能达到我们无法接受的程度。在气候变化正在成为全球关注的问题时，大量的能源消耗意味着更多的二氧化碳排放。尽管壳牌公司利用有效且稳定的管理措施致力于减少二氧化碳排放，但人们预测到 21 世纪中叶，化石燃料仍是各种能源构成的主体。这些措施同时也提高了能源的利用效率，并促进了替代能源的发展（摘自杰罗恩·范德威尔的演讲《能源、社会公正和安全三元悖论》——圣·盖伦，2007 年 5 月 31 日）。

最近，国家石油委员会的"事实真相"研究报告提出的多数问题与壳牌公司的见解一致，并建议采取必要的行动，包括：扩大和使能源生产途径多样化，包括清洁煤、核能、生物质、其他可再生能源及非常规原油和天然气；延缓国内常规原油和天然气生产的递减速度；增加新能源开发途径。

油页岩是美国关注度最高的化石燃料资源，而美国又是世界上油页岩资源最丰富的国家之一。同样，澳大利亚、中国、爱沙尼亚、约旦、摩洛哥和其他一些国家也有油页岩资源。根据兰德公司的研究，美国科罗拉多州、犹他州和怀俄明州都分布有油页岩储层。

绿河盆地油页岩储层的资源估计在 $(1.5 \sim 1.8) \times 10^{12}$ bbl 之间，其中的 $(0.5 \sim 1.1) \times 10^{12}$ bbl 是可以开采出来的，这个估值的中位数 8000×10^8 bbl，是沙特阿拉伯已证实的可采原油储量的 3 倍多。目前，美国每天的石油产品需求量大约是 20×10^4 bbl。如果油页岩能满足这个需求量的 1/4，那么 8000×10^8 bbl 的可采资源将满足 400 多年的需求。

截至今天，美国每天的原油需求已超过 21×10^4 bbl，并接近 22×10^4 bbl，而且需求还在不断增加。

显然,这种能源对于美国而言,是一种巨大的战略优势,若能开采出来,将增加美国的能源安全。

油页岩是一种含有干酪根的泥灰岩,而干酪根是数百万年前植物和动物死后漂流到古湖湖底被掩埋后转换而成的未成熟烃,曾经的古湖覆盖了科罗拉多州、犹他州和怀俄明州的大部分区域。在漫长的地质历史演变过程中,遗留下来的干酪根随着温度和压力的升高而慢慢地变成液态的石油和天然气。

20 世纪 70 年代后期和 80 年代早期,在全球能源供应紧张的时代,一些大的能源公司与美国政府一道,试图开发这种资源。开发这种资源的初期试验包括取心以及在地面称为蒸馏器的容器里将取出的油页岩岩心加热到近 1000°F❶。20 世纪 80 年代后期,随着全球能源价格的崩溃,这种成本高昂的能源及其地面耗水量大的项目就被废弃了,致使西科罗拉多州陷入了多年的经济低迷期。当其他能源公司退出他们的油页岩研究项目时,壳牌公司采用了完全不同的技术方法,仍然在坚持研究。

从 1981 年到今天,壳牌公司循着一条深思熟虑而又谨慎的途径研究新的油页岩开发技术。在过去的 1/4 多世纪的时间里,在没有寻求美国政府财政资助的条件下,壳牌公司一直在探索独特而与众不同的油页岩开发方法,这种称为储层转换工艺的油页岩开采技术一直在科罗拉多州西北地区的自有土地上试验。该工艺将加热器直接插入地下的油页岩储层中将岩石加热到 700°F 左右,加热时,干酪根分子裂解,并转变为较轻的烃,而后可通过常规的方式开采出来,但较重的烃分子则以固态和不可动的形式滞留在储层中。我们已确定采出的流体中 1/3 是气体,2/3 是轻质液体,其 API 重度为 36°API 或更高。

从 1981 年起,壳牌公司就在科罗拉多州的私有土地上开展这项研究工作,我们已研发并完成了各种加热器和地下水保护技术的五轮矿场综合试验。壳牌公司最近的一轮矿场试验是 2005 年的默哈格尼(南区)示范项目,该试验项目采出了约 1800bbl 轻质油和天然气,并与我们之前预测的生产模型高度吻合。这个试验项目使壳牌公司坚信我们研发的储层转换工艺确实成功了。现在我们面临的挑战是确认该工艺技术是否长期有效,在商业上是否具有可持续性。

壳牌公司以对环境负责的态度致力于油页岩开发,因此我们目前的研究精力集中在地下水保护方向。近期,壳牌公司私有土地上的冰墙试验项目将建成脱水、加压、破裂和修复地下冰冻非渗透墙(图 1)。尽管壳牌公司将冰墙技术巧妙地应用于油页岩开发中,但该技术并不是什么新技术,在采矿和建筑领域该技术已有效运用多年。我们在足球场大小的地

---

❶ $1°F = \dfrac{9}{5}°C + 32$。

图 1　地下冰墙矿场试验

面上完钻了井深约 1700ft❶、井距较小的试验井,并通过封闭的管网向储层注入极低温的液体以排驱储层热能,最终在储层内冷却地层水,形成一堵冰墙以阻止储层加热区与冰墙外地层水的流动,然后用泵将冰墙内的地层水抽出来。可以想象,这有点像河流中放的一只空桶。

目前,我们不想在这个专门建立的冰墙内开展任何加热试验,而是想测试这个冰墙的稳定时间,并为研究、开发和示范租赁区建立开发概念。冰墙试验对壳牌公司的油页岩开发规划至关重要,我们明确地向董事会和各级联邦及州管理当局证明,在我们能够保护科罗拉多州珍贵的水资源之前,我们不会将冰墙的运行商业化。您可能会问,壳牌公司能够维系温度高达 700°F 冰墙所围的区域吗?答案是页岩不是良好的热导体,因此,可在冰墙和加热区之间建立一个小型的缓冲带,以阻止各分割区之间的热量交换。

在我们研究项目推进的同时,很感激能有机会在国土管理局所属区块上进行各种必要的试验,该项目是国土管理局建立并得到国会 2005 年《能源政策法案》第 369 款支持的研究、开发和示范项目。美国政府对科罗拉多州油页岩开发项目谨慎且细心的支持非常重要,因为科罗拉多州北部富含油页岩的皮申斯盆地近 75% 的土地属美国政府拥有,并由国土管理局管理(图 2)。我们感谢国会和国土管理局立项并实施研究、开发和示范项目。壳牌公司认为在最具潜力的地区进行新技术试验是未来制定合理且可持续的油页岩开发政策的明智之举。

2006 年底,壳牌公司在皮申斯盆地申请并获得了 3 块 160acre 的研究、开发和示范租赁区。我们建议在北边的租赁区试验新型节能加热器,在南边的租赁区试验油页岩和重碳酸钠盐采收率,而在第三块租赁区模拟研究储层转换工艺的商业化可行性。根据租赁合同,上述三个先导试验区块每块外围都有大约 5000acre 的优先权租赁区。如果承租人能证明该区块可产出工业页岩油,那么承租人就有权扩大外围的优先权租赁区,并按不确定转换费(应

---

❶　1ft=30.48cm。

图 2　科罗拉多州西北地区

由相关条例确定）支付税金。

壳牌公司希望在三个研究、开发和示范租赁区上试验不同的先导项目，以评价不同储层转换工艺参数的商业效果，并在未来 10 年的某个阶段申请将这些先导试验区转化为商业性的油页岩开发项目。

我们还要感谢能源部及其下属的非常规燃料专门任务组。该任务组已就在美国建立油页岩工业的可行性进行了一系列有价值的研究，其研究成果非常有意义，在某些方面，甚至是令人兴奋的。如果您还没有看到能源部的这个研究报告，我建议您去找来看看。我们还要深深感谢能源部和内政部及其下属负责油页岩开发的职能部门和机构的帮助与鼓励。在壳牌公司内部，我们会竭尽全力不负政府部门的期望（也是我们自己的职责），以经济可行、环境友好且社会可持续的方式开发这个巨大的国内资源。

国土管理局最近结束了油页岩及油砂的《〈纲领性环境影响报告〉草案》的评价。壳牌公司也提交了对《纲领性环境影响报告》重要且详细的评价文件。我们相信，定板的《纲领性环境影响报告》和后续的油页岩开发管理框架对壳牌公司油页岩项目研究的投资和这种巨量的美国能源资源最终开发是至关重要的。《〈纲领性环境影响报告〉草案》描绘了对洛基山脉西部土地及其人民的重大安全保护措施。《纲领性环境影响报告》设置的程序关卡数（隶属于《国家环境政策法》）会确保油页岩以谨慎且环保的方式开发。

总之，我想评价一下壳牌公司和其他公司关心的两个问题，即涉及的油页岩开发的新技术研发。

首先，2007 年 12 月国会通过并经总统签署了消费法案，其中一款写道：

本法案批准的经费不能用于准备或出版有关油页岩资源商业租赁项目的最终规章［这种资源依照 2005 年的《能源政策法案》第 369 款（公法 109-58）应属于公有土地内资源］，或者依照该法案所属 369（e）节第 8 条出售油页岩租赁区。

这个暂停好像会延续到下一个财年，这使我们相信延缓美国巨量的油页岩资源开发会长久地拖下去。遥遥无期的暂停会挫伤我们开发这种资源的积极性。具有讽刺意味的是，阻止国土管理局颁发油页岩管理规章还会带来负面效应，伤害我们研发减少碳排放解决方案的积极性，而碳排放又与油页岩开发相关。油页岩开发的商业决策要耗时数年进行研究、设计和分析之后才能完成。尽管我们仍然在推进油页岩开发研究活动，但稳定的管理程序会极大地帮助我们从积极准备、矿产税、转换费、营运和环保标准等每一个环节做出明智的决策，甚至在研究、开发和示范阶段都会带来可靠的研究成果。

壳牌公司一直在寻求一种周全而又谨慎的油页岩开发途径，以防陷入过去的油页岩兴衰魔咒中。我们希望，在三个虽小但非常复杂的研究、开发和示范项目中投入巨资，以证明我们的储层转换工艺技术经济上可行、环境友好且社会发展具有可持续性。以前长期的油页岩开发试验的失败说明，投资者在油页岩开发研究中承担的巨大风险。缺乏明确的油页岩商业开发的经济和环保规章将大幅增加我们的研究投资风险。因此，壳牌公司恳请国会授权国土管理局建立相应的监管规章框架。

其次，2007年的《能源独立与安全法案》中有一条款（526节）禁止联邦机构签约购买碳排放超标的可替代能源燃料。该条款不仅对美国的能源安全有害（因为我们已从加拿大进口了大量的油砂），而且对管理各个炼厂配制的汽油和柴油也是极其困难的，不要忘了北边给美国提供原油比其他任何国家都多的朋友。国会应该取消这一条款。

壳牌公司理解州长和科罗拉多州代表的担忧，他们认为应以经济上可行、环境友好且社会发展具有可持续性的方式开发油页岩。而在壳牌公司内部，我们也秉持这样的理念。不过，禁止国土管理局完成必需的管理规章或禁止政府签约购买非常规燃料不是达到这一目的的明智之举。国土管理局在油页岩开发的《〈纲领性环境影响报告〉草案》中已规定了一系列安全措施以禁止非法租赁和开发，包括项目在批复授权之前的一些必需的国家环境政策法措施。这些联邦政府安全措施是一系列严格的县、州和国家许可的补充，这些来自47个不同管理机构的许可确保了对环境的保护。现在是我们共同努力将美国潜在的巨量资源转变为现实能源安全的最佳时机。

最后，我想提醒的是，上面提到的两项美国政府政策无疑将促使美国更多地依赖国外的能源供给。随着国内能源需求的增加，我们对能源进口的依赖也在增加，不应该出现这样的局面。壳牌公司清楚当前的全球能源状况和气候挑战，我们也明白化石能源的使用仍将伴随我们走向未来的数十年。壳牌公司投入巨资研发再生能源技术并致力于调整我们的能源结构，但在21世纪内相当长一段时间内，油页岩能够并应该是通向未来再生能源至关重要的桥梁。

再次感谢各位给我机会向大家陈述我们的想法。

科罗拉多州州长比尔·瑞特的报告
——监管听证：油页岩资源

（参议院能源及自然资源委员会监管听证会，2008-5-15）

尊敬的主席先生，谢谢给我机会与大家讨论科罗拉多州的油页岩资源前景。油页岩开发将带来重大机会，也将对科罗拉多州人以及所有美国人在能源供应、环境保护、水资源、社会经济影响和国家安全等方面提出挑战。从这个角度说，感谢委员会提供机会并深思熟虑地讨论这些问题。

科罗拉多州西北地区拥有巨大的油页岩资源，也是世界上油页岩资源最丰富的地区之一，每吨油页岩可生产 25gal❶ 或更多的原油。该地区有近 5000×10^8bbl 的探明油页岩储量，是沙特阿拉伯常规探明原油储量的两倍多。这种资源的成功开发将成为美国国内新的重要的原油来源，并对国家的能源政策和国家安全产生积极的影响。

尽管科罗拉多州的油页岩资源量巨大，但自一百多年前发现以来一直沉睡于地下。此前的开发试验因一系列难题而失败，这些难题包括技术、经济和环境问题，尽管政府和工业界已进行了大量投资，但这些难题仍未解决。正如 30 年前最近一轮推动油页岩开发一样，科罗拉多州现在也做好了准备，尽力满足国家的能源需求。同时，我们需要周密地分析所采用的方法，尤其要根据开发研究的进程，选择正确的方法。实际上，如果内政部能授权科罗拉多州商业化开发油页岩，必将成为科罗拉多州历史上最大的开发活动，这对科罗拉多州西北地区和全州都具有重大意义。

自 18 个月前就任以来，我一直怀着极大的热情关注联邦政府启动美国油页岩项目的进展情况。我强力支持油页岩研究、开发和示范项目的持续推进，并期盼与政府当局、国会和私营部门携手共同努力。一旦我们获得了研究、开发和示范项目以及在其他私有土地上开展的类似工作的研究成果，一旦完全掌握了可行的技术及其必要的管理步骤并能减少这些技术对环境和社会经济带来的影响，就能编制周密而可行的管理规章，并将商业化租赁项目投入运行。当然，在确定这些技术可行及其实施后的影响之前就开展租赁项目，无疑会存在巨大风险。这种行动不符合国家的最大利益，当然也不符合科罗拉多州的利益。

这种立场与 3 年前科罗拉多州上届政府给本委员会所提的观点一致，当时他们也要求

---

❶ 1gal（美）=3.785412dm³。

谨慎推进油页岩开发,并指出油页岩开发技术仍充满不确定性。我想强调的是,目前情况仍然是这样。同时,我也从本州的许多市长、县委委员和居民那儿获知他们支持全盘权衡并慎重地开发油页岩。此外,西部州长联合会在给本届国会的一封信中表达了他们密切关注着《能源政策法案》有关油页岩商业化开发所提的"加速时间表"。作为科罗拉多州州长,我仍然强调,凡涉及油页岩开发的事情都需要采取负责任和周全考虑的方式进行。

一、开发原则

科罗拉多州在开发国内任何非常规化石燃料方面将发挥积极作用,尤其是油页岩,并一直明确地表达要以考虑周全且慎重的方式推动油页岩的开采。我们必须确保项目在经济和环保方面可行,并保证我们的社区不要再陷入 20 世纪 80 年代的恶性兴—衰循环圈内。作为美国油页岩资源的大本营,若能以负责任的态度开发油页岩,科罗拉多州将获益最多,但若风险控制不当,则损失也最大。尽管可靠的、可持续开发的国内原油资源越来越重要,但从科罗拉多州来看,同样重要的是保护本州特殊的环境,包括水供应、洁净的空气、山脉以及野生动植物。科罗拉多州油页岩分布地区同时拥有令人艳羡的多元化经济,包括农业、旅游业、休闲娱乐业、狩猎和渔业、天然气和矿产开发、老年社区,这些行业的经济发展以相对平衡并相互支持的方式共存。这种多元化经济因最近一轮能源萧条而兴起,那么当前的能源开发就不能削弱从那种逆境中生长起来的商业和文化。

因此,对科罗拉多州来说,任何联邦油页岩项目的结果都具有较大的风险,包括根据区块租赁管理规章对商业化租赁项目进行综合论证的开发。这就是我今天为什么到这儿来的原因。我担忧的是联邦政府推动商业化油页岩租赁项目开发的步伐太快了,在公共和私人研究结束之前,有必要进行测试和监测,以避免对空气、水和野生动植物产生负面影响,并使我们的社区能够接受。

我今天的陈述将给委员会提供一些国内油页岩储量最丰富地区——科罗拉多州西北皮申斯盆地的背景资料,同时讨论联邦政府油页岩研究和开发项目的现状,并提出我对联邦政府油页岩资源开发及其后续合理措施悬而未决的立法问题的看法。

二、科罗拉多州油页岩分布地区

科罗拉多州西北地区确实拥有多种特殊的自然资源和具有活力的多元经济。不但是油页岩资源大本营,皮申斯盆地同样也是其他世界级油气资源之家。天然气、石油和煤炭是国家能源战略的核心原料,在这一地理区域内都有分布。该地区精煤储量的开发目前达到历史新高,一个大油田开发了数十年,万亿立方英尺级别的清洁天然气开发目前也处于前所未有的繁荣时期。仅与 5 年前相比,科罗拉多州目前投入运行的钻机数是以前的两倍,同时期全州生产油气井增长 40%,达到 35000 口。2007 年,本州签发了 6368 份钻井许可证,其中超半数位于科罗拉多州西北皮申斯盆地的油页岩分布地区,而且国土管理局提出修改管理计划,拟在未来 20 年内在该地区新钻 17000 口气井 ❶。2006 年,天然气和其他与能源相关的开发直接和间接的就业岗位占本地区的 15%。今天我还带了一份附件报告,即近期完成的《科罗拉多州西北地区综合经济研究》,该报告预测因为天然气钻井数的增长,该地区未来 30 年人口数量将翻倍,若油页岩资源投入开发,还将有 50000 人迁入本地区。

这片油气储量丰富的地区,同样拥有惊人的野生动植物资源。皮申斯盆地是动物之家,这里有北美最大的迁移长耳鹿群、大量健壮的迁移麋鹿群、科罗拉多州境内仅有的 6 个较大的艾草松鸡之一、大量的科罗拉多州河割喉鳟以及大量的其他野生动植物种群。这些野生动植物资源是经历了数千年才形成的,是生态恢复项目的组成部分,对全州和国家长期的经济、生态和旅游观光具有重要意义。科罗拉多州的未来将依靠这些资源继续保持强劲和健康的发展势头。

过去的 20 年,本地区开发了逐渐兴旺的旅游业和生机勃勃的狩猎与渔业经济。2006 年,默法特、里奥布兰科、加菲尔德和梅萨等县的旅游业支撑了近 17000 个工作岗位,大约占本地区 15% 的就业率。科罗拉多州西北地区 20% 的旅游业工作是室外休闲娱乐部门,大约有 3400 个岗位。

本地区还有健康的农业、历史悠久而又充满活力的牧业以及逐步壮大的退休社区。农业和牧业的就业在本地区占到总就业数的 6%～15%,在州内达到 160 亿美元。退休人数占到本地区人口的 13%,他们的消费支撑了 11% 的基本工作岗位。

由于科罗拉多州拥有丰富的自然资源,特别是天然气工业的增长,科罗拉多州西北地区正在迎接人口猛增及其随之而来的有关挑战。首要是住房供应对当地社区的巨大挑战,当地社区面对人口增长而出现的房供压力已大幅度地削减了,很多工人住在旅馆或汽车旅馆里,而不是传统的住宅内。这些社区的基础交通设施大多年久失修,并正在承担人口增长的巨大压力。在从传统的税源(如采掘税、物业税、销售税和联邦税)筹集到资金前,维修基础设施需要先期的财政支持。

这个地区对科罗拉多州的未来至关重要。州和联邦政府政策制定者对科罗拉多州西北地区所做的每一件事都必须保护资源、价值、多元化的经济以及数十年来形成的利益。我们不能简单地认为,开发区内的一种资源可以忽略对其他社会、经济和自然资源的保护。

三、理性推进油页岩开发

2005 年,国会研究了油页岩开发的多种法规,并最终在 2005 年 8 月通过的《能源政策法案》第 369 款颁布了油页岩开发对策。其中,《能源政策法案》建议联邦油页岩资源研究

---

❶ 请参考 http://www.blm.gov/rmp/co/whiteriver/documents/RFD_Executuve_Sumnmary.pdf 文中国土管理局白河现场办公处有关科罗拉多州里奥布兰科县、莫法特县和加菲尔德县油气活动合理开发预测方案行动纲要 3。

和开发租赁项目、联邦油页岩资源区域研究项目以及科罗拉多州、犹他州和怀俄明州内油页岩商业化租赁区块的直接环境影响项目。

由于拥有巨量的油页岩资源，同时国家也迫切需要能源供给，科罗拉多州将继续推进油页岩的研究和开发。例如，壳牌公司是合作开发油页岩的先行者，该公司致力于研发油页岩储层开发技术，我们支持其努力向前迈进。我们州政府同时也支持内政部审核和细化联邦政府油页岩研究、开发和示范租赁区块的矿场应用。本州目前是 2006 年签发的 5 个 160acre 油页岩研究、开发和示范租赁区块的大本营。如果试验成功，这些研究和开发项目将为油页岩后续的商业化开发奠定基础。

联邦政府油页岩研究、开发和示范租赁区块的地面建设尚未开始，有意开发科罗拉多州油页岩的公司中还没有一家讨论过未来 10 年内进行商业化开发的问题。我认为在联邦政府油页岩研究、开发和示范租赁区块上试验的新技术是至关重要的，这些新技术最终在经济上将是可行的，其对环境的影响也是可以接受的，而那时候的社区发展也具有可持续性。科罗拉多州一直认为利用好以前的油页岩研究资料有助于解决油页岩开发的历史遗留问题，解决好这些问题是联邦政府油页岩资源租赁、管理和开发的前提。

2008 年 3 月，我向国土管理局提交了对科罗拉多州、犹他州和怀俄明州境内《〈油页岩和油砂纲领性环境影响报告〉草案》的评价意见。在那份草案文件中，提出在上述三个州划拨近 200×10^4acre 联邦土地用于油页岩商业化开发的矿场实践，其中科罗拉多州近 36×10^4acre。

今天，我重申在阅读完国土管理局的草案文件后所得出的结论：即国土管理局提出的方案是不明智的。该机构提出近 200×10^4acre 联邦土地进行油页岩商业化开发，却缺乏拟用技术的资料及其对环境影响的说明。草案中技术和环境互为因果关系，现在我们对二者仍不甚了了。油页岩的开发仍面临一些重大问题，这些问题在油页岩大规模开发前必须解决：

（1）我们不知道油页岩大规模开发需要多少水，或者该行业用水怎样影响其他的用户。本州很快将分配完科罗拉多州河的水资源权益，不久将进入不同用户间协调和共享水资源的新时期。

（2）我们不知道油页岩开采对地面和地下水质的环境影响，尤其是储层内试验技术的影响。

（3）我们不知道油页岩开采对野生动植物的潜在影响范围有多大。皮申斯盆地拥有适于大量动植物种群栖息的独特且不可替代的环境，油页岩的开采可能造成重大的栖息环境损害和分割，从而导致重要的野生动植物数量减少，包括较大的艾草松鸡和大的猎物。

（4）我们不知道处理页岩油需要多少能量，能源来自何处，电厂布置在哪，生产这些能源对本地区空气质量和可见度影响几何，如何考虑温室气体效应。

（5）我们不知道如何建设基础设施以容纳涌入的工人，怎么解决所需的资金，又如何管理这些设施。

（6）按照目前的天然气开发热潮，我们不知道本地区总的环境和经济承载能力是否已经超限。

由于国土管理局的分析缺失这些信息，目前做出划拨 36×10^4 acre 联邦土地（科罗拉多州境内）进行油页岩开发的决策是欠考虑的。因此，科罗拉多州提出一个替代方案，该方案允许联邦政府的研究、开发和示范项目继续推进，且承租人在联邦土地上有优先权扩大其商业租赁区至 2.5×10^4 acre 英亩。我带来了一份对国土管理局环境报告的评价意见，供委员会各位使用。

基于同样的原因，没有分析联邦政府的研究、开发和示范项目的研究结果，国土管理局就决定土地的使用是不合适的，现阶段推动最终的商业化租赁管理规章同样也是欠考虑的，国土管理局缺少制定油页岩开发成套规章制度的必要信息资料。这些管理规章将建立环保标准，设定矿产税和矿区范围，规定实质性开发标准，确定可行的租赁区规模以及其他许多重要的决策，这些都将直接地、深远地且不可逆转地影响油页岩的开发进程。在从联邦政府的研究、开发和示范项目研究结果中得到这些基本答案前，制定油页岩商业化租赁区管理规章是不成熟的。在缺乏联邦政府研究、开发和示范项目研究结果的情况下，公布管理规章很可能给人形成"确定性管理"的错觉，而不是一套适于商业化租赁和开发的综合管理规范。

科罗拉多州乐于与联邦政府和业界携手推动油页岩的开发。但是这需要考虑周全的方案，而不是匆忙地提出不成熟的租赁和管理决定，以便我们在全面理解油页岩开发的经济效益、环境效益和社会效益之前政府制定相应的法定权利和义务。

四、科罗拉多州对油页岩资源立法的建议

最后，我想就联邦油页岩资源的两项立法提出建议。

1.《美国能源生产法案》（ S.2958 ）

2008 年的《综合拨款法案》第 433 款规定本法案批准的经费不能用于准备或出版最终的油页岩商业租赁管理规章或者进行联邦政府油页岩资源的商业租赁区块销售。我支持这种限制，并于近期向国会写信表达了继续支持这种限制的愿望。

《美国能源生产法案》中有一条款将取消对内政部经费支出的限制，我反对这一条款。

2008 年的《综合拨款法案》中对油页岩资助的限制不会阻止国土管理局完成《纲领性环境影响报告》或准备油页岩租赁的试用管理办法。重要的是，不会减缓或阻止联邦政府的油页岩研究和开发租赁区活动。我已清楚表明，我支持谨慎的、考虑周全的油页岩开发方案，这样的方案意味着在通过商业租赁方式锁定前景不明的联邦政府油页岩资源前，油页岩

研究和开发试验可能产生有意义的结果。

2. 2008 年的《油页岩和油砂租赁法案》（S.2212008）

该项立法将取消《能源政策法案》中的一些时间要求，并增加我和其他蕴藏油页岩资源州的州长以及公众评价环境影响的机会，以便提出相应的油页岩管理规章。我支持这些条款。2005 年的《能源政策法案》中为准备区域环境分析和实施租赁管理规章设定了不合理的、雄心勃勃的时间节点。应当指出的是，这些时间节点已经过去了，立法中应制定更负责、更务实的时间节点，要符合合理的公共政策原则。

该项立法同样会指导内政部给国会提交有关联邦政府油页岩研究和开发活动的现状，以及潜在的油页岩商业化租赁项目的各种政策问题的报告。美国国家科学院要求对油页岩资源、研究活动、商业化开发活动的时间安排以及这种开发对环境和各种资源的正面或负面影响进行研究。我强力支持这些条款，这些条款不会拖延当前的研究和开发活动，相反还会为公众就联邦政府油页岩资源商业化讨论提供至关重要的信息资料。

最后，这些立法将给我和其他受影响州的州长以及受影响州的地方政府官员提供机会，提交有关油页岩租赁区销售的规模、时间或者所在地区有关的开发或生产计划的建议报告。我同样支持这些条款。科罗拉多州及其地方政府在进行商业化租赁决策时承担着很大的风险，我支持增大他们所关注问题的话语权的条款。

五、结论

科罗拉多州支持通过深思熟虑的油页岩开发方案。研发油页岩开发新技术的专业公司所展现的创新精神让我深受鼓舞，但我更关注联邦政府加快决策油页岩商业化租赁所做的工作，包括租赁管理规章的颁布。我仍坚信《能源政策法案》要求的研究和开发项目需要谨慎推进，以便获得有关油页岩商业化开发活动的成本、风险和影响的准确信息。到那个时候，也只有到了那个时候，联邦政府才能确保它所制定的规章制度既能在维持合理的联邦油页岩资源回报前提下鼓励油页岩的开发，又能保护科罗拉多州的环境和社区生活。

感谢你们提供机会，让我陈述科罗拉多州对油页岩开发的观点。

参 考 文 献

[1] State of Colorado's statement to the Task Force on Strategic Unconventional Fuels（September 2007）.

[2] State of Colorado's comments on BLM's Draft Oil Shale and Tar Sands Programmatic EIS（March 2008）.

[3] Northwest Colorado Socioeconomic Analysis and Forecasts（April 2008）.

荒野保护协会史蒂夫·史密斯的报告
——关于油页岩开发与研究的问题 ❶

（参议院能源及自然资源委员会，2008-5-15）

尊敬的主席先生，各位委员，感谢给我机会与大家一起讨论一些重大的环境保护问题。国会和联邦土地管理者认为在西部敏感和荒芜的州境内开发油页岩资源之前，这些问题必须要解决。

我叫史蒂夫·史密斯，我住在科罗拉多州加菲尔德县格伦伍德·斯普林斯市，距一个美国油页岩储量最丰富的油藏 30mile❷，距离预测占世界油页岩资源一半的油藏 100mile。过去的 19 年我一直住在那里，我经历了当地社区和经济的缓慢复苏，并正在从我们国家最近一轮的油页岩试验灾难中复兴。

那一波兴—衰灾难源自人为迅猛推动的油页岩开发活动以及不可持续的补贴方式。在慎重地编制或实施油页岩政策和有关活动时，最重要的是国会和联邦土地管理者应从过去的失误和当前的创新变革中汲取教训。

一、基本事实

我希望大家仔细地考虑一下下面的基本事实：

（1）油页岩生产技术进展仍然缓慢，还没有一种技术或哪家公司准备好了去商业化开发油页岩。

（2）在已签租的联邦土地上进行的各种油页岩技术的专业和环境可行性研究才刚刚开始。

（3）有意涉足油页岩开发的公司已经拥有或者获取了大量的油页岩土地。

（4）油页岩开发对气候的影响，包括采出页岩油的利用和开采页岩油所需的大量能源两个方面，这都是人们关注的重点，必须在油页岩商业化生产前解决好。

二、油页岩——潜在的重要资源

这种可能的燃料资源需要周密的考虑，包括其潜在的积极贡献以及对其他重要宝藏和

---

❶　本报告根据 2008 年 11 月 17 日国会研究服务处报告 RL34748 编辑、节选和扩编而成。

❷　1mile（美）=1609.347m。

资源的负面影响两个方面。

众所周知,2005 年的《能源政策法案》中各项条款指导国土管理局对油页岩实施管理:

(1)选择联邦政府的地块进行油页岩和油砂资源的研究与开发活动,并已授权批准了几个这样的租赁区块。

(2)按照《纲领性环境影响报告》要求,分析西部三个州油页岩和油砂商业化开发对环境、经济和社会的影响。

(3)如果地方政府兴趣很大而且大力支持,那么在未来油页岩商业化生产的联邦政府公共土地上就应采用新的油页岩和油砂商业租赁管理规章。

这是一个前后紧密关联的过程——公共土地上是否可以进行油页岩开发,如果可以,那么该怎样开发,这些问题需要仔细研究。这一进程的推进,在 2005 年的《能源政策法案》中有明确规定,现在看来野心太大而且操之过急。

签约的联邦土地上为达到上述目的的研究项目还没有启动。实际上,至少有两家公司宣布拟重新编写或修改原先的租赁区研究计划。同时,由于涉及大量的土地,水质也可能受到影响,而且还有很多重要信息不知道,因此纲领性环境影响评价进程还在慎重而缓慢地推进,这样做是稳妥的。

在任何公共土地上进行油页岩商业化生产并编制商业租赁管理规章前,花费大量时间仔细研究早期租赁区试验项目的研究成果是非常有意义的。联邦政府专业管理者、当地居民及其领导和油页岩业界需要花费更多时间评价新的油页岩开采技术是否有效,还要看这些新技术如何影响当地的经济、社区和自然环境。

如果可以,那么只有当油页岩生产的技术难题已经解决,人们接受了油页岩商业化开发对环境和社会的负面影响,包括对气候的影响,并已提出避免或减轻的方案后,才能启动油页岩的商业化租赁程序。

三、商业化开发前要慎重研究

最近,国土管理局对科罗拉多州 5 个油页岩储层研究和开发项目中提出的油页岩生产创新技术(包括很多非常新颖的技术思想)及随之而来的未知风险进行评估,每个项目使用的技术都是同类试验项目的首次尝试。目前,科罗拉多州皮申斯盆地正在进行的油页岩大规模开发储层试验技术全球仅此一例。油页岩工业尚处于初创时期,每种试验和投资都是同类试验的第一次。

国土管理局在考虑油页岩商业化租赁区块销售之前,应该让专业公司进行长期的、广泛深入的研究和开发试验,并对其研究结果做出细致的评价(表 1)。

表 1　专业公司的研究和开发试验情况

公司		技术	已开始矿藏测试否	商业决策所需时间 a	开始商业运行时间 a	生产增产时间 a	联邦政府土地 acre
雪佛龙公司	地下	储层转换工艺——高温气体压裂（已停）	否	10～15	12～16	〉20	160
壳牌 1 号区块	地下	储层转换工艺——静电加热法	否	7～10	12～16	〉20	160
壳牌 2 号区块	地下	储层转换工艺——裸电极法	否	7～10	12～16	〉20	160
壳牌 3 号区块	地下	储层转换工艺——苏打石,后页岩(已停)	否	7～10	12～16	〉20	160
AMSO 公司	地下	储层转换工艺——天然气热源	否	7～15	12～16	〉20	160
油页岩勘探公司	地面	艾伯塔——塔瑟克工艺	否	未知	12～16	〉20	160
壳牌莫哈格里矿藏	地下	储层转换工艺	是	7～10	12～16	〉20	

1. 油页岩试生产

这种合理的、谨慎的方式,其实是从战略上推迟油页岩的开发,并不是公共土地上商业化租赁区块的油页岩先期生产。事实上,国土管理局的油页岩研究和开发租赁区块上的潜在资源开采量是非常巨大的。根据建议研究区块的行动计划资料,科罗拉多州 5 个 160acre 区块估算的油页岩地质储量分别为 2.84×10^8 bbl、2.80×10^8 bbl、3.00×10^8 bbl、2.74×10^8 bbl 和 3.56×10^8 bbl。因此,仅已签约租赁区块内的研究与开发项目涉及的油页岩储层总储量就达 15×10^8 bbl。

我们要注意,这个数值不代表可以开采出来的页岩油量,而是地下资源量。因为我们不知道承租人提出的开采方法的采收率是多少,所以估算实际能采出的页岩油桶数是困难的。如果采收率取 70%（采用更新的储层开发工艺这个数值是可能达到的）,这些油页岩研究区块在生产期内产量会超过 10×10^8 bbl,这可是巨大的国内能源供应量。

此外,拥有研究租赁区块的公司在其外围已申请了 4960acre 的联邦土地优先权,一旦这些公司证明他们的技术可行,国土管理局就可以授权在这些土地上进行油页岩开发。直到而且只有到试验区块确实获得了高产量,并采取了有效的环境保护措施,才能签约更大的区块以投入开发,否则将出现投机的油页岩商业租赁区。

后期签约的商业化区块应对联邦财政产生更多的回报。国会预算办公室在评估未来 5 年授权大规模油页岩和油砂租赁区的立法建议时支持这种观点。国会预算办公室认为,因为有效开发油页岩的技术还不成熟,未来5年商业租赁区的竞标优惠幅度不会很大。

此外,国会预算办公室还发现:为了研究油页岩开发技术而提前出租的地块,其财政收入低,加之潜在的承租人知道在其租赁区上进行开发活动时管理成本将上涨,这两种不利财政负担将抵消早期租赁区销售增加的收入。

2. 大量未开发油页岩资源已落入私人公司手里

如果油页岩和油砂能成为替代更多常规化石燃料的商业可采资源,私人公司掌控的大量油页岩的一部分肯定会投入开发,但现在这些资源还不能进行商业开发。

绿河储层内的大量油页岩和油砂资源掌控在私人公司手上。比如,据2006年4月能源部的报告,科罗拉多州、犹他州和怀俄明州境内近 300×10^4 acre 的油页岩和油砂资源为非联邦政府拥有,还有近 3600×10^8 bbl 当量原油 ❶。

根据联邦政府和工业界资料,几家大型公司完全拥有或者控制着大量的油页岩或油砂资源,比如:

(1)埃克森美孚公司仅在科罗拉多州的里奥勃兰克和加菲尔德两县境内就拥有 5×10^4 acre 油页岩土地。

(2)红叶资源公司在犹他州境内控制有 1.65×10^4 acre 油页岩租赁区。

(3)大西部能源有限责任公司在犹他州的尤因塔县境内拥有或控制了 1.65×10^4 acre 油页岩租赁区。

(4)千禧年合成油有限责任公司在犹他州境内控制了近 3.4×10^4 acre 油页岩租赁区。

(5)荷兰皇家壳牌石油公司在科罗拉多州的里奥勃兰克和加菲尔德两县境内拥有 3.6×10^4 acre 油页岩土地。

(6)油页岩勘探公司在犹他州境内控制了超过 4.5×10^4 acre 的油页岩土地。

这6家公司控制了超过 20×10^4 acre 的油页岩和油砂资源,但没有一家提出计划对其控制下的资源进行商业化开发。而且,这些私人公司控制的油页岩中的一部分是美国地质调查局标定为皮申斯盆地储量丰度最高的区域。比如,1987年10月16日,在议会能源与天然资源的矿产开发与生产委员会听证会上,授权开发 8.2×10^4 acre 的老油页岩区块,美国地质调查局估算该地块可采出 420×10^8 bbl 当量原油。荷兰皇家壳牌石油公司尽管不是原始承租人,但也获得了上述 8.2×10^4 acre 油页岩租赁区的很大一部分。尽管它实施了雄心勃勃的研究计划,但仍没有推进这种资源的商业化生产。根据那次的听证会记录,1920—1980年,联邦政府在科罗拉多州、犹他州和怀俄明州境内颁发了超过 34.5×10^4 acre 的油页岩矿权,

---

❶ 能源部、海军石油与油页岩储量办公室,《国家战略非常规资源模型》,2006年4月,第6页。

但没有一块矿权进入商业化生产。

对我们来说，在国会取消暂停商业化油页岩和油砂租赁前，应该搞清已经落入私人公司手中的大量油页岩和油砂资源的现状和性质；否则，已经拥有大量油页岩和油砂资源的私人公司又将轻易获得额外的数以万计的油页岩和油砂资源。美国地质调查局的档案中很可能记载了这些资源的性质，因为其中的很多信息来自20世纪80年代后期颁发的矿权许可。国会应该谨慎从事，从拥有大量私有资源的公司中搞清楚他们为什么急于获得更多的联邦资源，因为他们还没有开发已拥有的资源。

四、保护环境和气候

尽管油页岩开发技术取得了进步，但研究人员和政策制定者必须充分考虑并将油页岩开发的利弊纳入我们的社区、地表水、野生动植物、洁净空气和本地区风景区的保护权衡中，并更好地理解和避免油页岩工业对气候的影响。

我们讨论的科罗拉多州西北部、犹他州东北部和怀俄明州西南部的公共土地下肯定蕴藏有大量的能源。这些地块上已经产出了创纪录的原油、天然气和煤炭，以满足本地区和国家的能源需求，而且理论上还蕴藏有大量的油页岩资源。

同样是在那些公共土地上，还需协调重要的野生动植物栖息地、受人欢迎的猎场及其他娱乐项目，以及当地农业与社区水源和令人叹为观止的优美风景。因此，要在油页岩分布区内开发所有这些能源，必须在更大范围内考虑自然和公众的利益。相应地，在制定影响这些土地的能源政策时必须保护这些更持久、更长远的利益以及当地的旅游业，还有依赖这些自然资源生存的娱乐业。

1. 需要消耗的能量

保证油页岩正常生产需要消耗巨大的能量，若使用传统工艺，则地面干馏釜必须将开采出来并粉碎后的油页岩加热到900°F，这将消耗掉所采油页岩40%的能源。即便使用新的储层加热工艺，地下的电加热器也必须将油页岩矿石加热到700°F，并维系这一温度达4年之久。

2007年，兰德公司为美国能源部准备的报告《美国的油页岩开发前景与政策问题》指出，利用目前最先进的地下储层加热工艺，每天生产1×10^5bbl页岩油（不到美国每天原油消费量的0.5%），将消耗专用电厂生产的1200MW电能。这相当于建设一座与科罗拉多州内目前运行的最大燃煤电厂发电能力相当的专用电厂。修建这种等级的电厂将耗资30亿美元，每年烧煤500×10^4t，还会产生1000×10^4t温室气体。

若要形成日产50×10^4bbl页岩油的产业——一些油页岩支持者预测将达到这个规模，

将需要 5 个这种等级的电厂,合计 6000MW 的新电能,相当于目前科罗拉多州内全部的燃煤电厂发电能力。

尽管所需电量的一小部分可用油页岩储层加热工艺所产生的天然气来发电解决,但是大部分电量需要用当地丰富的煤炭资源来满足,这将对二氧化碳的埋藏和对空气污染的控制提出新的技术挑战。

2. 水资源

地下埋藏油页岩的地区,地表是众所周知的不毛之地,年降雨量相对较少,同时存在现有水资源供应和设施超负荷运行问题。在这种干旱的环境中,兰德公司的报告援引技术评价办公室的预测数据表明,常规的油页岩开采技术需要 $2.1 \sim 5.2$bbl 淡水产出 1bbl 页岩油。尽管新的油页岩地下开采工艺所需水量较少,但兰德公司的报告仍指出:"需要大量的水进行油气开采、采出后冷却、产品提炼、环境控制系统和电力生产"。

1996 年,国土管理局预测油页岩开采(常规方法)将减少白河高达 8.2% 的年径流量,并导致国土管理局所属河流渔业资源永久损失或近 50% 的严重退化。

最近,当地水政部门估计日产 50×10^4bbl 的油页岩工业年耗水将达 25000acre·ft,这笔水资源需求要么找新的水源解决,要么从现有水资源分配系统中分流出来。水政部门同时指出:无法满足新的油页岩开采技术所需的水资源,即便目前能够满足,但在全球气候变化的大背景下也不能维系多久。

在油页岩开采地区的人口居住中心,需要增加水的供应以满足民用和市政快速增长的需求。

所有这些水资源影响因素没有在《纲领性环境影响报告》和其他综合性审查报告中进行全面的分析,这些综合性审查报告旨在为商业化油页岩租赁和开发决策提供重要信息。

3. 空气质量

兰德公司的报告指出,如何将现代污染控制系统整合到油页岩生产设施中,目前尚无公开的分析报告,这就需要进一步研究油页岩地面或地下生产时预防或控制非定点排放(例如,灰尘和尾气)的影响范围。兰德公司还发现自 20 世纪 80 年代以来,油页岩开发对空气质量的累计影响也无研究见报。因为空气质量管理条例、采矿及其处理技术和污染控制技术都已发生了很大变化,早期的空气质量分析方法已不再适用。兰德公司认为已有的油页岩开发对空气质量影响的研究成果已经过时,不能用于大范围评估油页岩工业的技术现状、发展速度及其最终规模对空气质量的影响。在进行油页岩商业化生产决策前,应该进行更多的空气质量研究和模拟。

4. 气候影响

所有这些因素——能源消耗、水资源消耗、空气污染，加剧了对全球气候螺旋式铰链周期的影响。

随着油页岩能源产量的快速增加，相应的温室气体大幅排放将减少水资源的供应，在这种情况下，要么减少油页岩生产及其所需能源生产的用水量，要么从其他用水渠道调入更多的水资源。

在科罗拉多州的西北部，农业是最大的用水大户，农作物和土壤缺水将进一步加剧气候恶化。

全球温度升高将增大国内电力消耗需求，油页岩开发由此将争抢电力，这就需要生产更多的电能，继而导致更多的温室气体排放及其他问题。

这些不定因素将与油页岩燃烧引起的不利气候影响叠加。

前面已提到，开采油页岩消耗的能源很可能造成大量的温室气体排放。达到 50×10^4bbl 页岩油生产规模需新增 6000MW 电能，每年将多排放 6000×10^4t 的二氧化碳。根据《能源政策法案》的数据，其总的二氧化碳排放量比 2005 年科罗拉多州、犹他州和怀俄明州境内所有发电厂的排放量还多 45%。

由于需要消耗能源，油页岩生产燃油的碳排放比常规原油燃料大得多。加利福尼亚州大学的研究人员分析了主流的油页岩开采技术对全球温室效应的影响以及油页岩燃料的温室气体排放量，他们发现油页岩燃料的碳排放比常规原油燃料大得多。例如，油砂勘探公司在联邦研究与开发租赁区开采油页岩，使用的是艾伯塔省塔克库克油页岩地面干馏工艺，该技术生产单位能源将排放 37.5～40.8g 等量碳，而常规的原油燃料仅排放 25g 等量碳。

这些气候影响因素——不论是原始的还是次生的，在目前的《纲领性环境影响报告》中没有一个充分地论证过。在油页岩商业化租赁或生产的成熟决策公正而有效地规划之前，必须对这些影响因素进行更为全面的分析。

在即将出版的《纲领性环境影响报告》中必须对这些影响因素进行彻底的、全面的分析，并以此为基础，对在何处开发油页岩、何处油页岩不适宜开采且不允许开采以及以什么速度开发等问题进行决策。

五、结论：平稳、细心推进

油页岩对我们的能源供应具有潜在贡献意义。细心研究、谨慎开发，并考虑其对社区、娱乐、自然环境的重大影响，使该资源在发挥效益的同时不破坏长期的资源和价值。然而，当前我们并不能说可以安全或有效地开发油页岩。

在公共土地上进行任何商业化租赁或生产前,国会与联邦土地管理者应细心咨询州政府和当地社区,并从油页岩研究的租赁区项目中了解实情。

当我们以真正可持续和环境友好的方式去开发油页岩时,我们会有很好的回报,我们不能急于求成。

请各位就我们的文件、我今天的发言以及在其他场合提出的问题进行讨论,这样也有益于你们的工作和研究。

再次感谢各位,让我有机会给委员会陈述我们的想法,谢谢!

安东尼·安德鲁斯的报告
——油页岩的开发 ❶

（能源与能源基础设施政策资源、科学和工业处）

摘　要

　　科罗拉多州、犹他州和怀俄明州的绿河油页岩储层估计拥有 1.38×10^{12}bbl 当量原油储量。一般认为油页岩含有大量的潜在资源,但不能经济地开发。因此,油页岩被认为是不确定资源而不是真正的储量。同时,油页岩生成的最终产品主要限于柴油和航空油。此前在 20 世纪 70 年代能源部的合成燃料项目和后续的合成燃料合作贷款担保资助下进行的油页岩早期开发试验,因原油价格的暴跌和中东地区以外新油田的开发而终止,但同期常规炼油技术的进步使得运输油料的增产超过了重质民用燃料油(因人们偏爱的天然气民用燃料油正在逐步被淘汰)。

　　油页岩开发在沉寂 20 年后,由于原油价格上涨以及对世界石油产量下滑的担忧,重新唤起了美国人对油页岩的兴趣。除了以前开发试验中未曾解决的技术难题和目前仍然存在的环境影响问题以外,还出现了其他新的挑战。此外,估计的最终可采资源也在变化。现在油页岩开发面临的挑战还包括与大陆中部地区生产的常规原油和从加拿大不断增长的进口原油的竞争,除本地区孤悬于海湾滨海地区的主要炼油中心之外,若不提升管道输送能力,油页岩的生产可能会陷入困境。

　　2005 年的《能源政策法案》将油页岩定位为国内重要的战略资源,并指导内政部推动油页岩的商业化开发。此后,国土管理局批准了 6 块试验租赁区进行油页岩研究、开发和示范。正在实施的项目将证实在目前的运行条件下能否采出具有经济效益的大量页岩油,若证实有效益,那么早期的油页岩商业开发就可以直接实施。国土管理局已出版了《纲领性环境影响报告》,报告中明确了总计 354×10^4acre 中的 200×10^4acre 是潜在的油页岩商业租赁区。油页岩商业租赁区的管理草案也颁布了,最终的管理规章正在编制中。草案中提议的租金和矿产税与类似资源相当,对油页岩的生产并没有提供特别的刺激措施。

　　在以前的一份报告中,国会研究服务处从国家能源安全的角度给油页岩定位,并评估了油页岩开发环境,在此环境下制定的政策开始持支持态度,后来又停止了对早期油页岩开发

---

❶ 本章内容是根据 2008 年 11 月 17 日国会研究服务处报告 RL34748 编辑、节选和扩编而成。

的支持。在 2005 年的《能源政策法案》指令下,第二次报告重拾油页岩商业化开发进程,并在考虑目前能源行业的困局下提供了相应的政策导向。

一、油页岩开发背景

国内原油产量不断下滑、需求上升以及价格上涨加剧了美国对进口原油的依赖。因此,提高能源独立性的支持者认为,应该开放洛基山脉地区未开发油页岩资源的商业化开发[1],但担心重蹈复辙和危害环境的一些人则认为油页岩开发应该谨慎和周密考虑。

20 世纪 70 年代,能源部的合成燃料项目和后续的合成燃料合作贷款担保项目资助了油页岩的早期开发试验。而 80 年代因原油价格的暴跌和中东地区以外新油田的开发,有意开发油页岩的私人公司停止了活动。到 80 年代中期,随着战略石油储量项目的签署,联邦政府对油页岩的支持也停止了。同一时期,炼油工艺的进步可将石油渣油炼制为高价值的运输油料,而此前的石油渣油(沉淀在油桶底部的原油)仅能炼制为低价值的重质取暖油,现在这种取暖油被越来越多且燃烧更洁净的天然气所替代。因此,现在油页岩就视为战略资源。不过,最近油页岩的战略价值与国防相关的航空油的生产扯上了关系,但其前景并不清晰。油页岩作为商业运输油料航空油和柴油的来源显示出巨大的潜力,但是面对本地区常规原油及其更大分布范围的竞争,油页岩的使用可能将受基础设施的制约。若欲获取合成燃料项目中油页岩历史的信息,请参考国会研究服务处的报告 RL33359《油页岩:历史、动机和政策》。

2005 年,国会举行了油页岩开发听证,讨论有助于促进环境友好地开发油页岩和油砂技术进步的可能性[2]。那次听证会同时涉及了必要的立法和行政管理行动,便于为行业投资、探索其他政府机构和组织的关注与试验以及行业利益提供刺激措施。随后 2005 年的《能源政策法案》(EPAct-P.L.109-58)第三章原油和天然气中包含了促进油页岩、油砂和其他非常规燃料开发的条款[3]。该法案的第 369 款指导内政部提供油页岩研究、开发和示范项目的试验租赁区,编制了《纲领性环境影响报告》,发布了油页岩商业租赁的最终管理规章,并开始了商业化租赁[4]。《能源政策法案》还指导国防部制定源自油页岩以及其他非常规资源的燃油使用战略。

二、油页岩资源潜力

油页岩在美国的几个州内都有分布,其中的干酪根含量是石油的地质指标。本报告中,页岩油是指从油页岩中采出的液态烃产品,最具开发前景的油页岩是埋藏在科罗拉多州西北部、犹他州东北部和怀俄明州西南部 16000mile^{2}❶(1024×10^4acre)土地下的绿河储层(图 1)。地质上最有潜力的油页岩近 350×10^4acre,国土管理局管辖了近 210×10^4acre,另有

❶ 1mile^2=2.589998km^2。

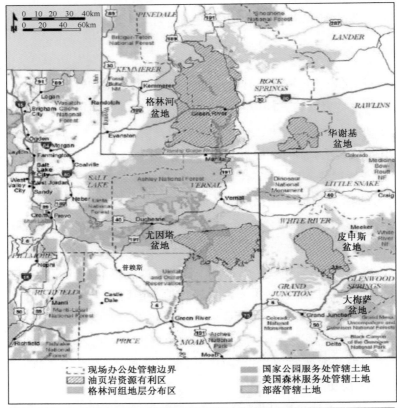

州别	地质盆地	盆地大小 acre	有利勘探区域，acre		
			总面积	国土管理局管辖土地	分散地产土地
科罗拉多	皮申斯	1185700	503342	319710	41940
犹他	尤因塔	2977900	840213	560972	77220
怀俄明	绿河与华谢基	4506200	2194483	1257680	39406
合计		8669800	3538038	2138362	158566

图 1　科罗拉多州、犹他州和怀俄明州境内绿河储层油页岩资源有利勘探区

资料来源：国土管理局，解决科罗拉多州、犹他州和怀俄明州土地使用分配权的《油页岩与油砂资
源管理规划修正案》,《纲领性环境影响报告》,2007 年 12 月

NPS—国家公园服务处；USFS—美国森林服务处

15.9×10^4acre 是国土管理局管辖的分散地产。这些地区地面地产属于部落、州政府或者私人团体，但地下矿权为联邦政府拥有。

油页岩资源潜力估算值变化大，能源部石油与油页岩储量办公室估计在 780×10^4acre 的联邦油页岩土地下（图2 和图3）[5] 约有 1.38×10^{12}bbl 页岩油可采量。而兰德公司保守估算只有 800×10^8bbl 页岩油可采量[6]。尽管犹他州的联邦政府所辖油页岩土地面积最大，但科罗拉多州油页岩资源储量丰度更高，其可采量更大。

页岩油的可采量取决于开采技术和资源的"丰度"高低。绿河组莫哈格里层的油页岩

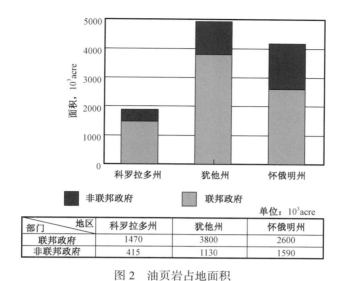

图 2　油页岩占地面积

单位：10^3acre

部门＼地区	科罗拉多州	犹他州	怀俄明州
联邦政府	1470	3800	2600
非联邦政府	415	1130	1590

资料来源：能源部石油与油页岩储量办公室，《国家战略非常规资源模型》，2006 年 4 月

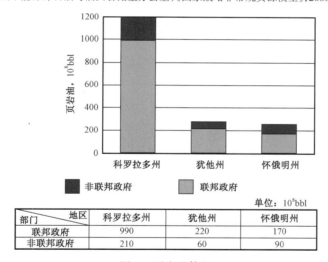

图 3　页岩油体积

单位：10^8bbl

部门＼地区	科罗拉多州	犹他州	怀俄明州
联邦政府	990	220	170
非联邦政府	210	60	90

资料来源：能源部石油与油页岩储量办公室，《国家战略非常规资源模型》，2006 年 4 月

丰度最高，每吨油页岩可望产出 25gal 以上页岩油。按此储量丰度估算，1acre·ft 油页岩中拥有 1600～1900bbl 页岩油[7]。犹他州尤因塔盆地莫哈格里层的油页岩厚度可达 200ft，若这些油页岩全部投入开发，从技术角度讲，每英亩将产出（32～38）×10^4bbl 页岩油。但最终采出量取决于研究、开发和示范项目中正在评价的开采技术和定板的《纲领性环境影响报告》（后面讨论）中确定的优先租赁区块土地面积。潜在的产量与加拿大油砂产量的 1400bbl/（acre·ft）有可比性[8]，并能大幅超过目前衰竭的北美大型油田 50～1000bbl/（acre·ft）的产量[9]。

由于油页岩尚未证明经济可采，目前只能算作资源量而不是真实的储量。美国常规原油探明储量总共不到 220×10^8 bbl，但据美国地质调查局估计，若考虑北极圈国家野生动物保护区海岸平原蕴藏的资源，则常规原油探明储量可望增加 170×10^8 bbl。与之相较，根据能源信息局的资料，沙特阿拉伯的常规原油探明储量据说有 2620×10^8 bbl。

三、油页岩开发面临的挑战

油页岩很早就被认为是一种人造合成油或原油替代品，不过，油页岩的有机物含量（干酪根）仅仅是石油的前兆。因为采出的页岩油中缺少生成天然汽油的低沸点烃和能裂解成汽油的重烃，但在中间馏分燃料沸点范围内，如挥发油、煤油、航空油和柴油中又确实产出了烃。因此，油页岩作为常规原油的替代品可能面临挑战，同时还要面对洛基山脉地区常规原油开发和加拿大原油出口到该地区的竞争。

油页岩生产仍面临专有技术的挑战。油页岩中的干酪根呈固态而不能像原油那样自由流动，只有加热或干馏油页岩才能采出类似石油的馏分油。干馏油页岩涉及在缺氧环境中进行干馏（热裂解），在温度 900°F 以上进行热裂解可将干酪根热解为烃。有两种基本的干馏工艺：地面干馏和储层（地下）干馏。地面干馏一般采用类似水泥制造业使用的旋转窑炉式大型柱状容器，现在加拿大油砂业就是使用这种工艺[10]。储层干馏要求在地下建立一个容腔以用作干馏釜。上述两种工艺在能源部以前的合成燃料项目中做过评价论证。

地面和地下干馏工艺一直都受到技术和环境问题的困扰。地面干馏工艺需要消耗大量的水，同时还依靠地下或露天开采油页岩。尽管任何油页岩开采方法都可行，但干馏后的油页岩处理仍然是一个难题。若要对油页岩进行露天开采，则需要把上覆岩石挖走将油页岩裸露出来。地面干馏工艺还面临常见的油页岩结块问题，常使干馏工艺失效，并且除了要维系地下油页岩可控燃烧外，还会导致地下水污染问题[11]。

通过采用强化采油方法，如钻水平井、长期加热和冰墙技术（维系水涝地的一种地质工程方法），新的油页岩地下开采技术努力克服以前的不足，下面将深入地讨论这些技术（参考研究、开发和示范项目）。

1. 油页岩与本地区其他资源的竞争

绿河油页岩分布于洛基山脉国防区石油管理局地界内（图 4 中 PADD 4）。国防区石油管理局是第二次世界大战期间为便于调配石油资源而设立的机构。过去，石油管道基础设施孤立了国防区石油管理局第 4 区块的生产，但随着人们对该地区新的原油产量的关注，这种格局可能会慢慢改观。

由于近期原油价格创历史新高，第 4 区的原油产量也增加了，并在本地的炼厂炼制加工。2007—2008 年，第 4 区原油产量约为 57.7×10^4 bbl/d（表 1）。据估算，犹他州—科罗拉

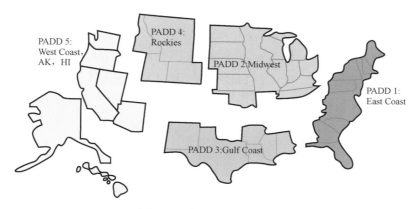

图4 国防石油区块分布图

多州境内的尤因塔—皮申斯盆地中埋藏有 5.88×10^8 bbl 未发现的技术可采常规原油和凝析油,而在怀俄明州的西南地区估计还有 29×10^8 bbl 的原油储量[12]。未发现的技术可采常规资源是指基于地质信息和理论在已知生产区域以外可能存在的烃资源。若不考虑经济利益,这些资源利用目前的技术是可以开采的,尤其是科罗拉多州来福市(20 世纪 80 年代,油页岩开发兴衰潮中的重点地区)的天然气经历了深度开发。

表1 国防石油管理局原油和石油产品(2007—2008 年)

产油区	供应,10^3bbl/d					处置,10^3bbl/d			
	油田产量	炼厂与调和厂净产量	进口	净接收量	调配	库存变化	炼厂与调和厂净入库量	出口	供应产品
第 1 区	41	2592	3332	2767	130	−47	2507	147	6256
第 2 区	775	3533	1254	2756	208	−36	3343	89	5129
第 3 区	4006	8257	7004	−5446	180	−79	7720	982	5380
第 4 区	577	593	362	−254	−18	−4	577	5	682
第 5 区	1448	3019	1516	177	153	17	2852	209	3235
美国	6847	17994	13468	—	653	−149	16999	1432	20682

注:油田产量指租赁区内的原油产量,凝析油产量指天然气处理厂的产量,新能源指其他烃或充氧剂和车用汽油混合剂以及加入最终车用汽油的燃料乙醇。

资料来源:《能源信息局石油供应年报》第 1 卷,2008 年 7 月 28 日。

根据美国地质调查局(USGS)[13]近期的报告,巴肯组(属大西部盆地的一部分)估计有 $(30 \sim 43) \times 10^8$ bbl 原油储量,分属蒙大拿州的第 4 区和北达科他州的第 2 区的该储层共有 529mile^2。美国地质调查局的评估将巴肯组的原油储量规模置于其他 48 个州之前,使之成为其评价史上最大的"连续"油藏。一个"连续"的油藏意味着原油在地质储层中广泛分布，而不是离散的零散分布。巴肯组储层的原油产量在不断增长，并很可能计入第4区的产量中。

第4区同时也是加拿大西部油砂和常规油藏（图5）原油的出口目的地。加拿大是出口原油到美国的第一大国，每天 160×10^4bbl。目前，第4区内的炼厂正逐步减少来自加拿大西部的原油，以便接收折扣率高的怀俄明州无硫和含硫原油。由于炼厂能力不足以及缺少原油外输管道，这种高折扣是对咄咄逼人的加拿大原油价格的回击。

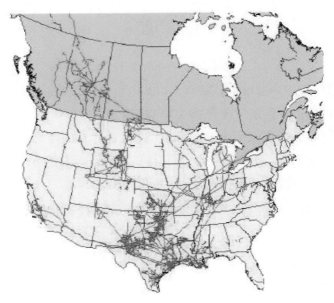

图5　美国与加拿大原油管道分布图

2. 原油供应与调配

根据能源信息局的记录，原油的供应与调配是石油生产、消费以及区间调运的指示。2007—2008年，第4区平均每天消纳供应产品中的 68.2×10^4bbl，而本地区的炼厂和燃油混合厂每天仅能生产 59.3×10^4bbl（表1），仅有 17.4×10^4bbl 的日干馏生产能力将第4区排在其他几个区的后面[14]，这同样使其不能满足本地区每天 19.5×10^4bbl 的干馏需求[15]。

炼厂产量指炼厂或燃油混合厂生产的石油产品。这些产品的公布产量等于炼厂的产量减去炼厂的进油量。若当月内生产的某种产品数量少于再加工（进油量）或转入其他类产品的数量时，产量将变成负数。减去炼厂的进油量，炼厂的半成品油、车用油和航空汽油混合剂的产量就是净额基准数。

进口量表示从国外、波多黎各、维尔京群岛以及其他美属资产与领地接收进入国内50个州和哥伦比亚特区的原油和石油产品数量。

净接收量指各个区通过管道、油轮和驳船运输的总输入量与总输出量之差。

库存变化指当月月初库存量与月底库存量之差。正数表示库存减少,负数表示库存增加。

出口量表示从国内 50 个州和哥伦比亚特区输出原油和石油产品到国外、波多黎各、维尔京群岛以及其他美属资产与领地的数量。

供应产品表示石油产品的消费量。因为这个指标衡量主要货源地如炼厂、天然气处理厂、燃油混合厂、管道和批发油库等的石油产品的消费量。通常,任一时期某种产品的供应量按下述方式计算:

供应量 = 油田产量 + 炼厂产量 + 进口量 + 未说明的原油量［+ 净接收量(计算国防原油区时考虑)］- 库存变化量 - 原油损失量 - 炼厂进油量 - 出口量

3. 油页岩加工处理

第 4 区内其他石油资源生产和炼制的竞争日益剧烈,油页岩的竞争更为严峻。不过,每天 2×10^4 bbl 的干馏需求缺口是一个机会。第 4 区的炼厂产品中,干馏生产(航空燃料、煤油、馏出燃料油和残油)占到 38%,而美国的平均值是 42%(表 2)。每生产 1bbl 馏出油几乎相当于炼制 3bbl 普通原油。洛基山脉地区干馏油产量增长 4% 就可以弥补全国馏出油缺口(以牺牲汽油产量为代价)。

表 2 国防石油管理局炼厂产量

单位: %

产品名称	第 1 区	第 2 区	第 3 区	第 4 区	第 5 区	美国
液化炼厂气	3.2	3.9	5	1.5	2.8	4.1
车用成品油	45.5	49.8	43.2	46.3	46.6	45.5
航空成品油	0.1	0.1	0.1	0.1	0.1	0.1
航空油	5	6.1	9.4	5.4	15.6	9.1
煤油	0.5	0.1	0.3	0.3	0	0.2
干馏油	29.4	28.2	26	29.8	20.8	26.1
残油	7.2	1.7	4.1	2.6	6.3	4.2
石脑油	1.1	0.9	1.9	0	0	1.3
其他油	0	0.2	2.4	0.1	0.3	1.3
特殊石脑油	0	0.1	0.5	0	0	0.3
润滑油	1	0.4	1.7	0	0.6	1.1

续表

产品名称	第 1 区	第 2 区	第 3 区	第 4 区	第 5 区	美国
石蜡	0	0.1	0.1	0	0	0.1
石油焦	3.2	4.3	6	3.4	5.8	5.2
沥青与筑路油	5	5.3	1.3	8.9	1.8	2.9
干馏气体	3.9	4.2	4.3	4.2	5.4	4.4
其他产品	0.2	0.4	0.5	0.3	0.4	0.4
加工处理 增（−）或减（＋）	−5.1	−5.8	−6.9	−3	−6.4	−6.3
平均中间馏分	43.2	37.2	44.6	38.2	43	42.5

资料来源：《能源信息局石油供应年报》，2007 年，第 1 卷。

现在，将页岩油升级为成品油的最可行办法是通过常规炼制处理，不过，页岩油不会完全替代常规原油。常见的炼厂在常温常压干馏过程中分离中间馏分——炼油过程中的第一道工序，然后通过加氢处理脱去硫和氮，剩下的重质组分部分（残留物）经过先进的炼制工艺将其裂解为汽油。页岩油由中间馏分沸点范围的产品组成，常规的炼厂无法经过改造将这些中间馏分裂解为汽油。事实上，一些炼厂发现增加中间馏分（柴油和航空油）的产量比获取汽油利润更高，也许将页岩油裂解为汽油没什么经济效益。

对于第 4 区内正在运行的炼厂（表 3），任何一家都很难让其扩大炼制能力或者转产弥补本地区中间馏分供应的不足。建设和运行页岩油炼厂的费用不太确定，但可能超过正在运行的炼厂扩能的费用。已有先例可考，印第安纳州芒特弗农的康璀马克炼厂耗费 2000 万美元增加了 3000bbl/d 的柴油产量，本次扩能将总产量从 2.3×10^4 bbl/d 增加到 2.6×10^4 bbl/d [16]。康璀马克炼厂是炼制农用柴油的专门炼厂。

表 3　第 4 区可动炼厂常温常压原油干馏能力

炼厂	城市	州	产量，bbl/d
科罗拉多州炼油公司	科默斯市	科罗拉多	27000
森科尔能源（美国）公司	科默斯市	科罗拉多	60000
西奈克斯·哈维斯特	劳雷尔市	蒙大拿	55000
康菲石油公司	比林斯	蒙大拿	58000
埃克森美孚炼油公司	比林斯	蒙大拿	60000
蒙大拿炼油公司	大瀑布城	蒙大拿	8200

续表

炼厂	城市	州	产量,bbl/d
大西方石油公司	北盐湖城	犹他	29400
雪佛龙美国公司	盐湖城	犹他	45000
哈利炼油与销售公司	伍兹克洛斯	犹他	24700
银鹰精炼厂	伍兹克洛斯	犹他	10250
特索罗西海岸	盐湖城	犹他	58000
边疆炼油公司	夏安妮	怀俄明	46000
小美国炼油公司	伊万斯维尔(卡斯白)	怀俄明	24500
银鹰精炼厂	伊万斯通	怀俄明	3000
辛克莱石油公司	辛克莱	怀俄明	66000
怀俄明州炼油公司	纽卡斯尔市	怀俄明	12500
合计			587550

资料来源:能源信息局,截至2005年1月。

建设一座页岩油浓缩厂的盈利前景不明朗。自20世纪70年代后期以来,美国就没有新建一座炼厂,因为运营商发现对已有炼厂扩能生产更多的汽油效率更高。炼厂通过在高温高压、催化剂和氢气的作用下,将常温常压工序后的余料进行裂解,可以提高汽油的产量,不过,常温常压干馏炼厂的总产量有限。页岩油炼厂处理的烃类沸点范围比常规炼厂的要小,因此不需要成套的复杂处理工艺。氮和硫含量高的页岩油性能不好,但炼厂现在用氢化处理工艺可生产出含硫量极低的柴油,从而克服上述缺陷。氢化处理所需的氢气部分来自含氢量高的页岩油,以及处理过程中衍生的轻质挥发性气体。相对常规炼厂而言,产品线短、工艺简单的页岩油炼厂投资压力更小。新建炼厂的审批过程估计需要多达800个不同的许可证,这还不包括强制的碳捕集和埋藏的法律要求[17]。

国会已认识到增加石油炼制能力有利于国家利益,因此在《能源政策法案》的第3章(子标题H——振兴炼厂)已增加了有关方便申请环境许可证的条款。现在炼油商可向环境保护署(EPA)提交所有许可证的统一申请表。为了加快许可证的审查,已授权环境保护署协调其他联邦机构,与各州政府进入审查流程的各个环节,并为各州提供财政支持以聘请专家协助审查许可证。《能源政策法案》的第17章(创新技术的激励政策)增加了有关为应用新技术或有重大技改的炼厂提供贷款保证的条款,以避免、减少或埋藏空气污染物和温室气体。需要指出的是,如果炼油是不利的投资,那么新建炼厂的许可证颁发就应慎重考虑。

由于新建管网少,扩建洛基山脉地区外运原油或成品油的管输能力是明智之举。图5

表明,第 4 区与海湾滨海地区的炼油中心相对孤立,也没有管道连接西部的州。为了接纳不断增多的加拿大进口原油,莫比尔管道公司翻新了以前从得克萨斯州尼德兰到伊利诺伊州帕托卡 858mile 的原油管道,现在该管道将曾输送到芝加哥地区的原油输送到海湾滨海地区的炼厂。

4. 碳排放

国会正在研究旨在减少和稳定温室气体排放的各种法案。2007 年的《能源独立与安全法案》通过碳捕集和埋藏的研究与开发项目修正了 2005 年的《能源政策法案》,并限制联邦政府采购温室气体排放超过常规原油燃料的替代产品。《能源独立与安全法案》第 2 章指导环境保护署制定了新能源燃料[18]替代汽油、柴油、运输用燃料的"生命周期内温室气体排放基本准则"。《利伯曼—沃纳气候安全法案》(S.3036)应制订减少排放的一套方案。

直到同期进行的油页岩研究、开发与示范项目结束,授权商业开发油页岩的环境影响评估规章仍在准备中,且尚未得到论证基本排放要求所需的必要资料。与油页岩生产相关的温室气体排放(主要是二氧化碳)源自化石燃料的消耗以及碳酸盐岩矿物的分解。

1980 年的一份分析报告指出,干馏绿河储层油页岩和燃烧其产品将释放 0.18～0.42t 二氧化碳,具体数量取决于干馏釜温度[19],这个排放量与每桶原油燃烧排放的量相当。产出的二氧化碳大部分来自页岩中碳酸盐岩矿物分解的产物。该报告认为生产等量可用的能源,干馏和燃烧页岩油比常规原油多排放 1.5～5 倍的二氧化碳。

壳牌石油公司(下面讨论)正在试验的一项地下转换工艺,预计每桶外输成品页岩油[20]将排放 0.67～0.81t 二氧化碳。该报告认为地下干馏工艺比基于常规原油的燃料多排放 21%～47% 的温室气体。

仅在石油炼制环节,每炼 1bbl 油大约排放 0.05t 二氧化碳。2005 年,美国炼厂生产 56.86×10^8bbl 石油产品[21]排放了 3.0611×10^8t 二氧化碳。不过,从产品生命周期来看,这些排放不包括钻井、举升(生产)和油船与管道输送过程中燃烧化石能源排放的二氧化碳。在矿场生产中,世界上某些地区放空烧掉不能进入市场的伴生气同样会排放二氧化碳。

作为参考标准,加拿大油砂矿开采中相关报告认为:地下生产 1bbl 油会产生 0.08t 的二氧化碳。而在地面上,通过开采、提炼、油品升级等方式每生产 1bbl 油产生的二氧化碳量将升至 0.13t[22]。1990 年,油砂工业每桶油排放 0.15t 二氧化碳,预测到 2010 年所有工艺环节总二氧化碳排放平均值将下降近一半。

5. 水资源消耗

油页岩开采对水资源的需求有很大的差异,水资源消耗量取决于油页岩的埋藏深度和开采方法。犹他州较浅层的油页岩也许更适于常规的露天或地下开采,并通过干馏釜加工处理。科罗拉多州较深层的油页岩可能需要地下储层开采。能源部石油储量办公室预计油页岩开发过程中的采矿与加工厂运行、土地复垦、配套辅助基础设施以及关联产业的经济发展需要大量的水资源[23]，所需水资源可从科罗拉多河盆地抽取或从现有水库购买。油页岩含水量高，一般每吨含水 2～5gal，有的油页岩每吨含水高达 30～40gal。油页岩地下开采工艺可能产出伴生水，也就是说，水天然存在于油页岩中。

2005 年的《能源政策法案》第 369 款(r)节明确指出，油页岩开发过程中涉及水资源分配时，不得优先取用水或影响州水资源法或州际水资源协约，用水权不会随联邦油页岩租赁区转让。用水权法传统上是州政府制定的地方法规，而不是联邦政府制定的法规。根据各州的资源状况，可以使用三个用水原则中的任何一个：河边居民用水原则、先占水资源用水原则和二者混合型用水原则。在河边居民用水原则中(受东部州居民欢迎)，拥有与河道接壤土地的个人可合理使用该土地上的水资源[24]。传统上，河边居民系统的用户与其他用户相比，对他们的限制仅是合理使用的要求。在先占水资源用水原则中(受西部州欢迎)，个人从河道分水(不管其相对位置)并合理享用水资源需要取得水资源使用权[25]。通常，在先占水资源用水系统中，用户向州管理机构申请用水许可，该机构要求用户保证用水量在许可证允许数量范围内。一些州实行了双原则用水权，即在两种用水原则下分配用水权[26]。

目前油气生产运行中最具争议的问题是产出水的处理、加工和排放[27]。采矿中(包括油气)的产出水一般污染物含量高，在对其安全使用或排放之前必须进行处理。由于干净的水是稀缺资源，处理后的产出水可能具有显著的经济用途，比如灌溉、洗涤，甚至可作饮用水。怀俄明州鲍尔河盆地最近建成的处理厂每天可处理 3×10^4bbl 煤层气井产出的水，来年该盆地可望日排 12×10^4bbl 处理水，而不会影响当地水质[28]。

2008 年的《产出水利用法案》(H.R.2339)将鼓励研究、开发和示范国内能源资源开发中产出水的利用技术。

6. 国防燃料

《能源政策法案》第 369 款(q)节指导国防部和能源部制定了使用油页岩燃料以及其他非常规资源战略，以满足国防部对燃料的需求。《能源政策法案》第 369 款(g)节同时设立了内政部、国防部、能源部联合特别小组协调和制定非常规战略燃料(包括油页岩和油砂)商业开发规划。国防部较早的"保证燃料倡议"和后来的"清洁燃料倡议"考虑了油页岩，但将重点转移到了费托合成能源公司产自煤炭和天然气的柴油燃料。

根据《能源政策法案》第 369 款(h)节，2005 年国土管理局组建了油页岩特别研究小组，稍后该小组出版了《美国战略非常规燃料资源开发》(2006 年 9 月)报告。该研究小组认为，美国的油页岩、油砂、重油、煤炭和石油资源到 2016 年能够满足国防部全部的国内燃料需求，到 2035 年能为国内市场提供高达 700×10^4bbl/d 的液体燃料。

根据 2007 年《能源独立与安全法案》第 526 款规定,除非采购合同标注了非常规资源生产的燃料其生命周期中温室气体排放低于常规原油生产的燃料,国防部不得购买油页岩或其他非常规资源生产的燃料。不过,2009 财年(S.3001)的《国防授权法案》第 334 款指导国防部研究可替代燃料,以减少军车和军用飞行器非常规燃料生命周期中温室气体排放。

7. 租赁区划分限制

《能源政策法案》第 364 款修正了 2000 年的《能源政策与保护法案》(EPCA-42 U.S.C.6217),要求提供陆上联邦政府土地下埋藏的所有油气资源明细,并指出开发这些资源所遇到的限制或障碍的程度和性质。在美国地质调查局油气资源国家评价处指定的地区划分了石油或天然气资源开发的研究区块。

根据现有法律法规、行政命令、政府土地使用计划指定地块(下面讨论)或政府收回地块,油页岩资源地区内的某些土地不能进行商业化租赁。因此,油页岩商业化租赁区块排除在外的区域包括:所有特指的自然保护区、自然保护研究区、国土管理局管辖的国家景观保护区(比如,名胜古迹区、国家保护区、自然与景观河流区以及国家历史与风景路区),以及目前禁止矿场开发的重要的环境敏感保护区。在油页岩资源区有 261441acre 土地已划为环境敏感保护区,该地块上禁止进行油页岩开发(科罗拉多州 10790acre,犹他州 199521acre,怀俄明州 51130acre)。地质上油页岩资源潜力最大的地区内有一大块公共土地已在进行石油、天然气和矿产资源开发。国土管理局根据油藏级别和厚度,已确定了地质上资源潜力最大的地区进行油页岩开发:科罗拉多州和犹他州每吨油页岩能产 25gal 及以上页岩油的油藏厚度达 25ft 或更大;怀俄明州每吨油页岩产 15gal 及以上页岩油的油藏厚度有 15ft 或更大。

国会研究服务处已将绿河储层地质上油页岩资源潜力最大的区块叠加到了为《能源政策与保护法案》准备的可开发资源类地图上(图 6)。犹他州的尤因塔盆地标注为正常租赁区,科罗拉多州的皮申斯盆地标注为地面占用少于 3 个月的短期租赁区,尤因塔—皮申斯盆地研究区大约 530×10⁴acre 的联邦土地不能开发油页岩。目前,科罗拉多州总共有 520×10⁴acre 的联邦土地是石油和天然气租赁区,犹他州约有 470×10⁴acre,怀俄明州约有 1260×10⁴acre。

国土管理局在科罗拉多州管理着大约 359798acre 地质上最有潜力的油页岩矿藏,其中 338123acre(94%,误差 ±2%)已租赁进行石油与天然气开发[29]。

国土管理局在犹他州管理着大约 638192acre 地质上最有潜力的油页岩矿藏,其中 529435acre(83%)正在租赁进行石油与天然气开发[30]。

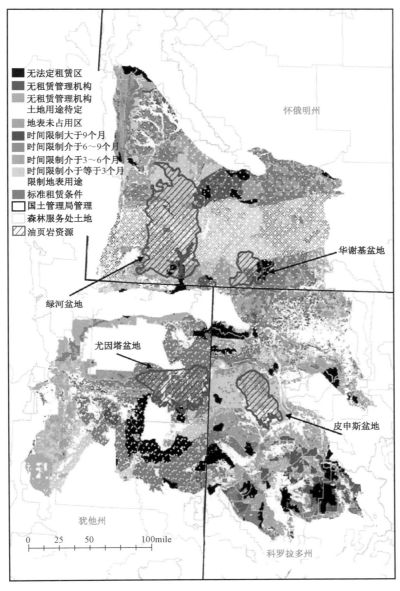

图例：
- 无法定租赁区
- 无租赁管理机构
- 无租赁管理机构 土地用途待定
- 地表未占用区
- 时间限制大于9个月
- 时间限制介于6～9个月
- 时间限制介于3～6个月
- 时间限制小于等于3个月
- 限制地表用途
- 标准租赁条件
- 国土管理局管理
- 森林服务处土地
- 油页岩资源

华谢基盆地
绿河盆地
尤因塔盆地
皮申斯盆地
怀俄明州
犹他州
科罗拉多州

0 25 50 100mile

州别	国土管理局管理油页岩土地 acre	石油与天然气开发租赁区块 acre
科罗拉多	359798	503342
犹他	638192	840213
怀俄明	1297086	2194483

图6 联邦政府油页岩地质潜力最大可开发土地

国土管理局在怀俄明州管理着大约 1297086acre 地质上最有潜力的油页岩矿藏，其中 917789acre（71%）正在租赁进行石油与天然气开发。

当竞争性大的资源中出现租赁区划分纠纷时，国土管理局的政策可用以解决纷争。不过，国土管理局认为，正在评估（下面将讨论）的商业化油页岩开发技术与其他矿产开发活动多数不一致，尽管油页岩开发和生产正在进行之中，也很可能会取消那些活动。《能源政策法案》第 369 款（n）节授权内政部部长研究土地交换，以落实可管理区块内的土地所有权和矿权。

四、商业化租赁区划分程序

1. 研究、开发和示范项目

《能源政策法案》第 369 款（c）节指导内政部部长在科罗拉多州、犹他州和怀俄明州准备土地供租赁，为从油页岩中开采液态燃料进行开发技术的研究、开发和示范。在 2004 年 11 月的联邦公报中（早于 2005 年 8 月颁布的《能源政策法案》），国土管理局吁请公众提供意见和建议，以便将其写入科罗拉多州西北部皮申斯盆地、犹他州东南部尤因塔盆地和怀俄明州西部的绿河与华谢基盆地内油页岩研究和开发小型租赁区条约中[31]。2005 年 6 月，国土管理局发出提名书，恳请在科罗拉多州、犹他州和怀俄明州境内推荐三块土地以便租赁用于油页岩开采技术的研究、开发和示范[32]。国土管理局接收了响应联邦公报的 20 份建议书，同时拒绝了 14 份建议书。2005 年 9 月 20 日，国土管理局宣布已接受了 19 份租赁 160acre 的公共土地在科罗拉多州、犹他州和怀俄明州境内进行油页岩开发技术的研究、开发和示范的建议书。2006 年 1 月 17 日，国土管理局宣布已接受了 5 家公司开发油页岩技术的 8 份建议，这些公司是雪佛龙页岩油公司、EGL 资源公司、埃克森美孚公司、石油技术勘探有限责任公司以及壳牌前沿油气公司[33]。有 5 份建议书将评估储层开采工艺对减小地面干扰的效果，第 6 份建议书提议采矿后干馏，根据国家环境政策法，每份建议书所做的环境评估给出了无重大影响发现报告。除了研究、开发和示范建议书倡导的 160acre 地块外，还为每个项目发起人预留了 4960acre 毗邻土地，以便将来国土管理局单独审核后将其转化为商业租赁区。

迄今为止，国土管理局已颁发了 6 项研究、开发和示范项目租赁区授权在大小为 160acre 公共土地上开发油页岩资源（表 4）。租赁区初期有 10 年期限，若确实在进行商业化生产准备，最多还可以延长 5 年。一旦达到商业化生产水平并满足一些附加的要求，研究、开发和示范项目承租人可以申请转化租赁区，并扩大毗邻的 4960acre 土地，租期 20 年。表 4 统计了研究、开发和示范项目，其分布如图 7 所示。

表4　研究、开发和示范项目租赁区

承租人	州别	所在地	技术
油页岩勘探公司	犹他	韦纳尔	地下开采和地面干馏
雪佛龙公司	科罗拉多	皮申斯盆地，里奥布兰科	储层/高温气体注入
EGL资源公司	科罗拉多	皮申斯盆地，里奥布兰科	储层/蒸汽注入
壳牌公司	科罗拉多	油页岩试验现场（1）；皮申斯盆地，里奥布兰科	储热式加热器储层转换工艺（ICP）
壳牌公司	科罗拉多	苏打石试验现场（2）；皮申斯盆地，里奥布兰科	热水注入式两步储层转换工艺
壳牌公司	科罗拉多	高级加热器试验现场（3）；皮申斯盆地，里奥布兰科	裸电阻丝加热器电力储层转换工艺

资料来源：最终环境评价 http：//www.blm.gov/co/st/en/fo/wrfo/oil_shale_wrfo.html，ftp：//ftp.blm.gov/blmincoming/UT/VN/。

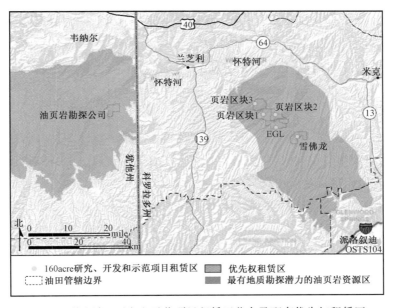

图7　6块研究、开发和示范项目租赁区分布及配套优先权租赁区

（1）油页岩勘探公司。

油页岩勘探公司的研究、开发和示范项目将评价利用艾伯塔—塔瑟克工艺（水平旋转窑干馏釜）地下采矿、地面干馏开发油页岩的效果。第一期主要是将成堆的油页岩拉到加拿大的干馏示范厂；第二期则将干馏示范厂移植到以前的白河矿地区，处理堆积在地面的油页岩，最后重开白河矿，开始油页岩的正规开采。第二期将扩大干馏示范厂，继续开采油

页岩,并建设各种配套设施和矿石传送廊道。

油页岩勘探公司目前打算采用佩特洛瑟克斯炉工艺(一种专利干馏工艺)将白河矿区采出的油页岩干馏为页岩油。自 20 世纪 50 年代起,佩特洛瑟克斯炉工艺就已投入开发,它是世界上能连续运行的几种大规模生产油品的干馏工艺之一。该工艺为巴西石油公司所拥有,并自 1992 年以来一直在巴西运行。佩特洛瑟克斯炉工艺是一种外部生成热气技术,该技术通过干馏釜外部加热的气体传递热能。与多数内置燃烧干馏技术一样,佩特洛瑟克斯干馏工艺是在垂直竖窑内处理油页岩,窑内蒸汽不会被燃烧废气稀释。世界上最大的地面油页岩热解反应器是位于巴西巴拉那州南圣马特乌斯镇的直径为 36ft 的佩特洛瑟克斯干馏窑,该窑每小时处理 260t 油页岩[34]。

(2)雪佛龙公司。

雪佛龙公司的研究重点是用常规钻井方法进行油页岩开采,并控制隔离目标层段的水平压裂技术,然后加热生产层段将干酪根转化为石油和天然气[35]。雪佛龙公司建议书的目的是验证用改进的压裂技术控制和限制油页岩储层目标层段的开发和生产,使用常规的钻井技术是为了减少环境污染,并与以前的油页岩开采技术对比各自的水资源和电力消耗量。公司在含油丰富的莫哈格里层的研究项目将评价页岩油储量,该油页岩矿藏厚度近 200ft。该项目分为 7 个阶段,涉及钻井以及用水平压裂控制技术隔离目标层段对产层段进行加热和层内燃烧。

(3)EGL 资源公司。

EGL 资源公司的研究重点是将油页岩适度且均匀加热至设计温度,而把干酪根转化为石油和天然气,以收集油页岩开发资料[36]。EGL 资源公司建议书的目的是证实用钻井和压裂技术在目标层段内部和底部安装导流管进行地下开发和生产。闭合的系统内可以循环高压的热流体,该方法要求能循环各种热流体。EGL 资源公司计划在该项目的不同阶段顺序试验不同的热流体。矿场试验会将热能引入拟干馏的油页岩底部,这样可逐步相对均匀、温和地将油页岩加热至 650～750°F,从而把干酪根转化为石油和天然气。一旦加热器周围释放出足够的原油后,储层更大水平范围内的热油将持续地向上对流,从而将热量传递到加热器上部的油页岩中。EGL 资源公司拟在其 160acre 地块上试验的油页岩厚 300ft,包括绿河储层的莫哈格里 R–7 区和 R–6 区,储层顶部深度近 1000ft。试验影响的地质范围约为 1000ft 长、100ft 宽。

(4)壳牌公司。

壳牌公司打算开发三块先导试验区,收集三种油页岩地下开采方法的运行数据[37]。在壳牌公司的油页岩试验现场(现场 1),地下开采工艺单元和系统测试将验证油页岩商业化开采的可行性。第 2 试验现场的二代储层转换工艺测试将验证成熟的苏打石开采方法与油页岩地下开发技术组合运用的实用性[38]。第 3 试验现场的电加热储层转换工艺或高级加热技术测试将评价地下加热的创新概念。壳牌公司选择的几个试验现场位于每吨油页岩产油超过 25gal 的高品位油页岩区,这些区块还拥有宝贵的苏打石资源。

2.《纲领性环境影响报告》

《能源政策法案》第 369 款(d)(1)节指导内政部部长完成了科罗拉多州、犹他州和怀俄明州境内最有地质勘探潜力地区的油页岩和油砂商业化租赁程序的《纲领性环境影响报告》[39]。2008 年 9 月 5 日,出版了科罗拉多州、犹他州和怀俄明州境内关于《提议的油页岩与油砂资源管理计划土地分配修正案的供应通知》,以及最后的《纲领性环境影响报告》[40]。

在最后的《纲领性环境影响报告》中,国土管理局建议修改科罗拉多州、犹他州和怀俄明州境内的 12 项土地使用计划,为油页岩的商业化租赁提供机会。在《纲领性环境影响报告》研究区内现有的资源管理计划如下。

科罗拉多州[41]:

(1)格伦伍德斯普林斯资源管理计划[国土管理局,1988b,2006 年罗恩高原计划修正案(国土管理局,2006a,2007)]。

(2)大章克申资源管理计划(国土管理局,1987)。

(3)白河资源管理计划[国土管理局,1997a,2006 年罗恩高原计划修正案(国土管理局,2006a,2007)]。

犹他州[42]:

(1)布克崖资源管理计划(国土管理局,1985)。

(2)钻石山资源管理计划(国土管理局,1994)。

(3)大斯德尔克斯!埃斯卡兰特国家纪念区资源管理计划(国土管理局,1999)。

(4)亨利山管理大纲计划(1982)。

(5)修正的普莱斯河资源区管理大纲计划(国土管理局,1989)。

(6)圣拉斐尔资源区资源管理计划(国土管理局,1991a)。

(7)圣胡安资源区资源管理计划(国土管理局,1991b)。

怀俄明州[43]:

(1)大峡谷资源管理计划(国土管理局,1990)。

(2)大峡谷资源管理计划[国土管理局,1997b,杰克·莫罗·希尔思的协同活动计划做了修正(国土管理局,2006b)]。

(3)凯默勒资源管理计划(国土管理局,1986)。

《纲领性环境影响报告》初稿和终稿中都提出了商业租赁的三种替代方案,国土管理局选择了替代方案 B 作为建议计划修正方案。这些替代方案如下:

(1)替代方案 A。无行动替代。该替代方案中,根据现有土地使用计划,科罗拉多州(白河）大约有 294680acre，怀俄明州大约有 58100acre（布克崖）目前已划为可开发商业租赁区块。该方案没有增加油页岩商业租赁土地的计划。

（2）替代方案 B。该替代方案中，国土管理局通过修正 9 个土地使用计划，指定 1991222acre 土地可供油页岩租赁开发，这包括国土管理局管辖的土地和联邦政府拥有矿产权的地质上油页岩最具勘探潜力的分权土地，依照法规、规章或行政命令豁免的土地要排除在外。

（3）替代方案 C。该替代方案从替代方案 B 中减除了一些油页岩商业化租赁土地，将其减少到 830296acre，那些减除的土地是因为根据现行土地使用计划需要特别的管理或资源保护。国土管理局管辖了地质上油页岩最具勘探潜力的 2138361acre 土地（表 1）。替代方案 B 的可供租赁土地占到 93%。这些土地中的很大一部分已划为石油和天然气开发租赁区。

3.《矿产租赁法修正案》

油页岩开发支持者声称对油页岩租赁区规模的限制阻碍了经济发展。《能源政策法案》第 369 款（j）节修正了《矿产租赁法》第 241 款（a）节，将单块油页岩租赁区从 5120acre 增加到 5760acre（9mile^2），但限制每个人或每家公司在某一州境内可以获得的总土地为 50000acre（78.125mile^2）[44]。在该法案中，联邦土地石油与天然气资源承租人可以拥有 246080acre（384.5mile^2）。

4. 商业租赁区销售与资源开采税税率

如果某州有很大的兴趣，在最终的租赁规章发布后 180 天内，《能源政策法案》第 369 款（e）节可指导油页岩租赁区的销售，而第 369 款（o）节可指导国土管理局制定油页岩租赁区的税率与其他费用："（1）鼓励开发油页岩和油砂资源；（2）保证这些资源的开发能给美国合理的回报。"

（1）建议的油页岩租赁原则。

《纲领性环境影响报告》完成后 6 个月内，《能源政策法案》第 369 款（d）（2）节指导内政部出版了油页岩商业租赁项目的最终规章。2008 年的《综合拨款法案》（P.L.110–161）第 433 款规定"本法案提供的资金不得用于准备或出版根据 2005 年的《能源政策法案》（公法 109–58）提出的最终规章，在 2005 年的《能源政策法案》中第 369 款（d）节提出了有关公共土地油页岩资源商业项目租赁的原则，而第 369 款（e）节则提出了油页岩租赁区的销售原则"，不过这些原则都已到期了。2009 年的《综合安全、灾害救助及继续拨款法案》（P.L.110–329）第 152 款废止了有效期至 2009 年 3 月的第 433 款的消费禁令。同时，国土管理局于 2008 年 7 月 28 日发布了提议的规章，以建立联邦政府油页岩商业化租赁项目[45]。

在事前建议规则制定公告中，国土管理局吁请公众提供评价和建议以帮助编写相关的规章，以便建立油页岩商业化租赁项目[46]。2005 年的《能源政策法案》第 369 款（j）节设定油页岩租赁区年租金为 2.00 美元 /acre。由于该法规设定了出租率,国土管理局就无权修改了。

作为对事前建议规则制定公告的回应,国土管理局收到了关于最小产量各种想法的评论和无最小产量限制到最低日产 1000bbl 的要求。国土管理局认为最低日产 1000bbl 的标准太死板,因为这个要求没有考虑油页岩的质量及其开采技术的差异。最低年产量要求适于每个租赁区,而且产量代替支付从第 10 租赁年开始。国土管理局将厘定年产量代替支付数额,但无论如何都会低于 4.00 美元 /acre。产量代替支付不是稀罕事,国土管理局的其他矿产租赁规章都是这样要求的,因为国土管理局认为这提供了维持正常生产的动力。4.00 美元 /acre 的产量代替支付对最大 5760acre 的租赁区年费用为 23040 美元。

(2)建议的开采税率。

国土管理局制定了租赁区范围内所有卖出或输运出产品的资源开采税税率。国土管理局认识到相对于其管辖的常规石油与天然气开发活动,鼓励油页岩开发遇到一些特别挑战。对于提议的规章,国土管理局还没有选定单一的开采税率,而是提出了两种可选的税率方案,也许还会提出第三种可选方案,即浮动开采税率。

国土管理局认为,基于目前竞争资源(如原油)相同终端产品的价格,油页岩资源的市场需求可为油页岩的未来开发提供主要的动力。相对于常规石油与天然气的开采特许费条款,可为油页岩提供特许权使用费条款以进一步促进油页岩的开发,不过国土管理局认为,这种激励机制应与油页岩资源给纳税人合理回报的目标相适应。国土管理局通过事前建议规则制定公告程序初步选择的油页岩开采建议税率见表 5。

表 5　油页岩开采建议税率

建议税率	备注
12.50%	针对初期上市产品
12.50%	针对开采出来的油页岩价值(1983 年的建议)
初期 8%,年增长 1%,最大 12.5 %	针对产品销售 10 年,与犹他州 1980 年规定的税率相同
初期 2%,最大 5%	鼓励生产和基础设施建设
在 0~12.5% 之间调节	与时间挂钩
在 0~12.5% 之间调节	与生产挂钩
调节	与原油价格挂钩
支出前毛利润的 1%	基于以前加拿大的油砂模型
支出后净利润的 25%	
¢ / t	1973 年的油页岩示范项目提议
% / Btu	参考原油

作为比较，下面给出了石油、天然气、油砂和煤炭建议的标准租赁条款。

标准的联邦租赁区和资源开采税条款。公共土地上的石油与天然气租赁遵循1920年的《矿产租赁法案》，该法案对某些特例做了修正（30 U.S.C.181及后续条款）[47]。所有可供租赁的土地必须通过竞争性投标方式获得，包括终止、到期、取消或放弃的石油与天然气租赁区[48]。承租人依据有关规定有权使用租赁的土地进行勘探、钻探、采矿、开采、移动和处理租赁区内的所有资源[49]。任何州境内最大的租赁区限制在246080 acre内，而单个租赁区不超过 20×10^4 acre。阿拉斯加州租赁区的限制是北部租赁区 30×10^4 acre，南部租赁区 30×10^4 acre，两个区内单个租赁区不超过 20×10^4 acre。1987年12月22日后核发的所有租赁区年租金为1.50美元/acre或最初5年取该值的几分之一，以后年租金为2.00美元/acre，或该值的几分之一（表6）。通常，总支出（资源特许使用费）按资源开采税12.5%计算，或者按美国拥有的矿产权益采出或销售的石油与天然气价值计算[50]，非竞争性租赁区按资源开采税16.67%计算。为了鼓励获取最大的石油与天然气采收率，内政部部长可以放弃、暂停或减少租金，或者减少最低开采税，或者减少一部分或全部租赁资源的开采税。对于产出原油API重度小于20°API的稠油租赁区，开采税可在API重度为20°API的12.5%到API重度为6°API的0.5%的浮动利率之间递减[51]。

表6 联邦标准租约与税率

资源	租赁费，美元/acre	租赁条款	资源税税率，%
联邦石油与天然气	1.50～2.00	竞争	12.5
联邦石油与天然气	—	不需要竞争	16.67
稠油	—	—	0.5～12.5
油砂	2.00	10年	12.5
地表煤炭	3.00	—	12.5
地下煤炭	3.00	—	8

在一些蕴藏有烃类资源的特殊油砂地区，石油与天然气或油砂租赁区提供竞争性优惠投标价（沥青砂和油砂有时交叉使用，不过此处的沥青砂是指美国的资源，而油砂是指加拿大的资源）[52]。在竞争性竞标过程中，若没有合格的投标人，则这块竞标的租赁区就可以进行非竞争出租。租赁可以采用综合性方式进行，也可以采用单独出租石油与天然气或沥青砂租赁区的方式进行开发。特殊沥青砂区域内的综合烃租赁区和沥青砂租赁区不得超过5760 acre，可接受的最低标价是2.00美元/acre。特殊沥青砂区域内租赁区有10年的优惠期，此后的生产则恢复正常状态。综合烃租赁区的年租金是2.00美元/acre，而沥青砂租赁区前5年的年租金是1.50美元/acre，以后则是2.00美元/acre。所有综合烃租赁区或沥青砂租赁

区的开采税税率按区内产量或销售量的 12.5% 计算。

蕴藏有油页岩的所有联邦土地(特殊情形除外)可核发煤炭租赁区[53]。租赁区的销售可采取现金优惠方式——设定开采税竞争系统或者通过立法程序采纳其他竞标系统。核发或调整的租赁区年租金不得低于 3.00 美元 /acre[54]。煤炭租赁区要求支付的资源税是地面开采煤炭价值的 12.5%,是地下开采煤炭价值的 8%[55]。

(3)私人租赁条款。

尽管缺少有关私人土地的油页岩租赁条款的信息,但可以比较私人和州政府所属土地上页岩气开采的条款,例如,马塞勒斯层和巴奈特层页岩气[56]。西弗吉尼亚州、宾夕法尼亚州、纽约州以及得克萨斯州等州政府和私人土地拥有者获得的额外津贴与开采税见表 7 与表 8,这不包括租金,因为几乎所有能获得的信息报告的是签约津贴和开采税,而且,租金常常计入签约津贴并支付预付款或以"延期租金"形式按季支付,租金对出租几英亩的小地主来说意义不大。州政府和私人租赁区与联邦政府的租赁区一样,生产开始后才支付租金,同时按产量价值给付开采税。所有马塞勒斯层页岩气的出租客都获得了大幅增加的签约津贴和不断增长的资源开采税。但是,天然气租赁跟踪服务处的报告称,由于存在很大的不确定性以及天然气公司缺乏兴趣或缺乏地主的土地价值信息,目前仍有几宗待售租赁区签约津贴在 100~200 美元 /acre 之间[57]。

表 7 特定州页岩气资源土地优惠竞标、租金与税率

地区	法定最低或标准资源税税率 %	开采税税率范围 %	优惠竞标价美元 /acre	备 注
西弗吉尼亚州①	12.50	—	—	没有州页岩气租赁区
宾夕法尼亚州②	12.50	12.5~16	2500	
纽约州③	12.50	15~20	大约 600	近至 2002 年,多数情形下,优惠竞标价在 25~50 美元 /acre 之间。最常见的资源开采税税率为 12.5%
得克萨斯州	12.50	25	350~400	1999—2000 年,优惠竞标价在 15~600 美元 /acre 之间。多数资源开采税税率为 12.5%
			12000	近几次(近 5 年)的优惠竞标价相对稳定。5 年前资源开采税税率多在 20%~25% 之间。多数州政府土地并不是最适于页岩气开发的区域

① 与乔·斯伽博瑞(在西弗吉尼亚州自然资源部任职)的私人通信,2008 年 10 月。

② 与特德·波罗斯基(在宾夕法尼亚州林业局任职)的私人通信,他提供了州和私人土地上页岩气租赁区的信息,2008 年 10 月。

③ 与纽约州农业局的林德赛·维克汉姆和康奈尔大学的伯特·切图威的私人通信,同他们讨论了州和私人土地上页岩气租赁区的售卖问题,2008 年 10 月。

表8 指定州私人土地页岩气区块优惠竞标、租金与税率

地区	开采税税率范围 %	优惠竞标价 美元/acre	备 注
西弗吉尼亚州①	12.5～18	1000～3000	最近一两年,优惠价约为5美元/acre,资源开采税税率是12.5%
宾夕法尼亚州	17～18	2000～3000	
纽约州	15～20	2000～3000	
得克萨斯州	25～28	10000～20000	2000—2001年,优惠价约为1000美元,资源开采税税率在20%～25%

① 与大卫·麦克马洪(西弗吉尼亚州地面所有者权利组织的主任)的私人通信,2008年10月。

五、结论和政策考虑[58]

开采页岩油既艰难又昂贵,还没有能与常规原油油井相比的井,主要的障碍是成本,其他的障碍包括开发过程中的潜在环境损害、炼制成本和美国西部内陆的运输困难。

最近的原油价格高企再次激起人们对油页岩开发的兴趣。不过,与过去一样,油价的快速上涨(高至145美元/bbl)很快又快速直线下跌(编写本文时油价已跌至65美元/bbl)。尽管几家大的石油公司已收获了创纪录的利润,但不稳定的油价阻止了人们对潜在资源(比如油页岩)的投资。动荡的原油价格造成了油页岩开发的兴衰模式,20世纪80年代早期,兴起了油页岩开发热潮,1982年艾克森石油公司取消了投资高达50亿美元的克罗雷油页岩项目,稍后合成燃料公司也取消了贷款担保。

油价的波动影响所有潜在烃资源或边际烃资源的开发。在对非常规油砂资源进行大规模投资之后,加拿大生产商宣布缩减资本投资,并缩小或取消油砂矿扩能计划。尽管欧佩克采取了减产保价措施,但一些主要和超级石油公司仍用32美元/bbl的价格构建他们的商业规划。在这种背景下,开发油页岩实际上是困难的。尽管油页岩开发不断面临挑战,但本区常规石油与天然气的生产却在稳定增长。

科罗拉多州西部、犹他州东部和怀俄明州西南部片区孤立的大量油页岩资源的开发机遇和挑战并存。页岩油最适于生产该区需求量最大的中间馏分柴油和航空油,此外,进出该区的油品和产品输送管道基础设施也有限,因此将页岩油外输至其他地区炼制困难,同样将外部的炼制产品通过管道运输进来也困难。这种孤立状况为页岩油和该区炼油能力发展提供了机会。

其他的不确定性就是政府管理规章的变化。近期关于油页岩商业化租赁规章定板费用的暂停就给油页岩的开发增加了很大的不确定性。没有确定的管理规章,就没有开发商能吸引到投资人,或者对油页岩资源进行全面开发。在第111次代表大会召开之前,费用暂停

的后续取消能保证最终规章的出台。同时,可租赁开发油页岩的许多土地已出租进行常规石油与天然气开发了,这又使油页岩租赁程序变得更复杂。

油页岩开发兴衰周期的部分原因,同时也是洛基山脉地区大批熟练工人和技术人才流失的结果。20 世纪 80 年代随着油页岩开发兴起,整个人才圈也建立起来了,当有关油页岩项目停止后,这些人才就流失了。油页岩开发的不确定性以及与常规石油、天然气和其他地区的竞争,使得招收和保留油页岩开发的熟练工人很困难。

油页岩租赁规章草案未考虑二氧化碳排放的要求。因为在开发过程中,油页岩的干馏会伴随二氧化碳的排放,而要全面分析油页岩开发中的二氧化碳排放,则必须在油页岩研究和生产完成后才能进行,这种分析是授权油页岩商业化开发所需环境影响评价的一部分。加拿大的油砂业开发实践表明,排放问题是随技术的发展而逐步解决的。

油页岩以及其他非常规和替代能源的开发将与石油价格的波动共进退,稳定的高油价才能激励油页岩开发商投入巨资开发页岩油。尽管蕴藏在油页岩中的烃储量是惊人的,但开发这些资源仍然存在很多变数。

参 考 文 献

[1] U.S DOE/EIA. Monthly Energy Review January 2006, table 1.7, Overview of U.S. Petroleum Trade, http: // www.eia.doe.gov/emeu/mer/pdf/pages/sec1_15.pdf.

[2] Oil sands yield a bitumen substantially heavier most crude oils and shale oil.

[3] Oversight Hearing on Oil Shale Development Effort, Senate Energy and Natural Resources Committee, April 12, 2005.

[4] EPAct Section 369 Oil Shale, Tar Sands, and Other Strategic Unconventional Fuels; also cited as the Oil Shale, Tar Sands, and Other Strategic Unconventional Fuels Act of 2005.

[5] U.S. DOE, Office of Petroleum and Oil Shale Reserves, National Strategic Unconventional Resource Model, April 2006.

[6] J. T. Bartis, T. LaTourrette, L. Dixon, D.J. Peterson, and G. Cecchine, Oil Shale Development in the United States Prospects and Policy Issues (MG–414–NETL), RAND Corporation, 2005.

[7] CRS assumes an oil shale density of 125 to 150 lbs/ft3. 1 acre–foot = 43,560 ft3.

[8] Reported as 1/2 barrel per ton. See Oil Sand Facts, Government of Alberta.
http://www.energy.gov.ab.ca/OilSands/ 790.asp. CRS assumes an oil density of 131 lbs/ft3.

[9] Conventional petroleum reservoirs may only yield 35% of the oil in place, while enhanced oil recovery may increase the total yield up to 50%. See: Geology of Giant Petroleum Fields, American Association of Petroleum Geologists, 1970.

[10] For further information see CRS Report RL34258, North American Oil Sands: History of Development,

Prospects for the Future.

[11] For further information see CRS Report RL33359, Oil Shale: History, Incentives, and Policy.

[12] U.S. DOI, Inventory of Onshore Federal Oil and Natural Gas Resource and Restrictions to Their Development, Phase III Inventory – Onshore United States, 2008, See tables 3–8 & 3–15. http://www.blm.gov/wo/st/en/prog/energy/oil_and_gas/EPCA_III.html.

[13] U.S.G.S, National Assessment of Oil and Gas Fact Sheet: Assessment of Undiscovered Oil Resources in the Devonian–Mississippian Bakken Formation, Williston Basin Province, Montana and North Dakota, 2008.

[14] U.S. DOE/EIA, This Week in Petroleum. Four–Week Average for 08/22/08 through 09/05/08. http://tonto.eia.doe.gov/oog/info/twip/twip_distillate.html.

[15] Reported as 8,190.8 thousand gal/day. See U.S. DOE EIA, Prime Supplier Sale Volumes. http://tonto.eia.doe.gov/dnav/pet/ pet_cons_prim_a_EPDED_K_P00_Mgalpd_a.htm.

[16] CountryMark, CountryMark Refinery Expansion to Increase Diesel Fuel Supply, April 3, 2008. http://countrymark.com/node/320.

[17] Investor's Business Daily, "Crude Awakening," March 28, 2005.

[18] EISA Title II – Energy Security Through Increased Production of Biofuels. Section 201. Definitions.

[19] Originally reported as 30 kg carbon as CO_2 per MBTtu for low–temperature retorting and 70kgC/MBtu for higher temperature retorting. CRS assumes a product equivalent of to No.2 diesel w/net heating value = 5.43 MBtu/barrel. See Eric T. Sundquist and G. A Miller (U.S.G.S,), Oil Shales and Carbon Dioxide, Science, Vol 208. No. 4445, pp740–741, May 16, 1980.

[20] Originally reported as 30.6 and 37.1 gCequiv /MJ refined fuel delivered. (1 metric ton carbon equivalent = 3.67 metric tons carbon dioxide, and assumes refined fuel equivalent to No. 2 diesel in heating value.) See Adam R. Brandt, Converting Oil Shale to Liquid Fuels: Energy Inputs and Greenhouse Gas Emissions of the Shell in Situ Conversion Process, American Chemical Society, August 2008.

[21] Mark Schipper, Energy–Related Carbon Dioxide Emissions in U.S. Manufacturing (DOE/EIA–0573), 2005.

[22] Reported as 439.2 kg/m^3 and 741.2 kg CO_2/m^3 respectively. Appendix Six, Canada's Oil Sands: Opportunities and Challenges to 2015, National Energy Board of Canada, May 2004. http://www.energy.gov.ab.ca/OilSands/793.asp.

[23] U.S. DOE/Office of Petroleum Reserves, Fact Sheet: Oil Shale Water Resources. http://www.fe.doe.gov/programs/reserves/npr/Oil_Shale_Water_Requirements.pdf.

[24] See generally A. Dan Tarlock, Law of Water Rights and Resources, ch. 3 "Common Law of Riparian Rights."

[25] See generally ibid. at ch. 5, "Prior Appropriation Doctrine."

[26] For further information, see CRS Report RS22986, Water Rights Related to Oil Shale Development in the Upper Colorado River Basin, by Cynthia Brougher.

［27］Oil & Gas Journal, "Produced water management: controversy vs. opportunity," May 12,2008.

［28］Oil & Gas Journal, "Custom-designed process treats CBM produced water," July 14,2008.

［29］Personal communication with Jim Sample, U.S. BLM Colorado State Office, September 24,2008.

［30］Personal communication with Barry Rose, U.S. BLM, October 7,2008.

［31］Federal Register, Potential for Oil Shale Development; Vol. 69, No. 224 /Monday, November 22,2004 / Notices 67935.

［32］Federal Register, Potential for Oil Shale Development; Call for Nominations – Oil Shale Research, Development and Demonstration (R, D & D)Program; Vol. 70, No. 110 / Thursday, June 9,2005 / Notices 33753.

［33］U.S. DOI/BLM, BLM Announces Results of Review of Oil Shale Research Nominations, January 17,2006. http://www.blm.gov/nhp/news/releases/pages/2006/pr060117_oilshale.htm.

［34］OSEC. http://www.oilshaleexplorationcompany.com/tech.asp.

［35］U.S. DOI/BLM, Environmental Assessment – Chevron Oil Shale Research, Development & Demonstration CO-110-2006=120-EA, November 2006.

［36］U.S. DOI/BLM, Environmental Assessment – EGL Resources, Inc., Oil Shale Research, Development and Demonstration Tract CO-110-2006-118-EA, November 2006.

［37］U.S. DOI/BLM, Environmental Assessment – Shell Frontier Oil and gas Inc., Oil Shale Research, Development and Demonstration Pilot Project CO-110-2006-117-EA, November 2006.

［38］Nahcolite is a carbonate mineral currently mined for its economic value.

［39］In accordance with section 102 (2)(C)of the National Environmental Policy Act of 1969 (42 U.S.C. 4332 (2) (C)).

［40］Federal Register / Vol. 73, No. 173 / Friday, September 5,2008 / Notices.

［41］BLM. www.blm.gov/co/st/en/BLM_Programs/land_use_planning/rmp.html.

［42］BLM. http://www.blm.gov/ut/st/en.html.

［43］BLM. http://www.blm.gov/rmp/WY/.

［44］30 USC 241 (4) "For the privilege of mining, extracting, and disposing of oil or other minerals covered by a lease under this section ... no one person, association, or corporation shall acquire or hold more than 50000 acres of oil shale leases in any one State."

［45］Federal Register, Oil Shale Management – General, Vol. 73, No. 142 /Wednesday, July 23,2008 / Proposed Rules.

［46］Federal Register, Commercial Oil Shale Leasing Program, Vol. 71, No. 165/Friday, August 25,2006 / Proposed Rules.

［47］43 CFR 3100 Oil and gas Leasing.

［48］43 CFR 3120 Competitive Leases.

［49］43CFR 3101.1-2 Surface Use Rights.

［50］43 CFR 3103.3-1 Oil and Gas Leasing Royalty on Production.

［51］43CFR 3103.4-3 Heavy oil royalty reductions.

［52］43 CFR 3140 Leasing in Special Tar Sand Areas.

［53］43 CFR 3400 Coal Management: General.

［54］34 CFR 3473.3-1 Coal Management Provisions and Limitations.

［55］43 CFR 3473.3-2 Royalties.

［56］Prepared by Marc Humphries, Analyst in Energy Policy, Congressional Research Service.

［57］Natural Gas Leasing Offer Tracking, Natural Gas Lease Forum for Landowners. http://www.pagaslease.com/lease_tracking_2.php.

［58］With contributions by Gene Whitney, Energy and Minerals Section Research Manger, Congressional Research Service.

约翰·迪尼的报告
——世界部分油页岩矿藏地质与资源状况 ❶

摘　要

油页岩矿藏广泛分布于世界各地,从寒武纪到三叠纪都有,形成于海洋、大陆和湖泊沉积环境中。最大的油页岩矿藏位于美国西部绿河储层中,该储层估计蕴藏有 2130×10^8 t(约 15×10^{12} bbl)页岩油。

全球 33 个国家油页岩矿藏蕴藏有 4090×10^8 t(约 280×10^{12} bbl)页岩油。这些数据是保守的,因为:(1)这里提到的几个油页岩矿藏还没有进行充分的勘探以做准确的油页岩储量估算;(2)一些油页岩矿藏未包含在上述统计数据中。

一、简介

油页岩通常定义为微粒沉积岩,含有有机质,在破坏性干馏作用下会产生大量的页岩油和可燃气体。大部分有机质不能溶于普通的有机溶剂中,因此,油页岩中的有机质必须通过加热才能分解出页岩油和可燃气体。人们基本上关注的是油页岩的能源经济开采量潜力,包括页岩油、可燃气体以及其他副产品。具有经济开采潜力的油页岩矿藏一般是指位于或接近地表,能进行露天开采或常规的地下开采或储层开发的矿藏。

油页岩的有机质含量和产油量变化大。油页岩的商业品位是根据页岩油的产量确定的,其值在 100 ~ 200L/t 之间变化。美国地质调查局使用较低限的 40L/t 界限对联邦含油页岩地块进行分类,还有人提出了低至 25L/t 的界限。

世界各地都有油页岩矿藏分布。这些矿藏从寒武纪到三叠纪,有的很少或没有经济价值,有的有巨大的经济价值,占地数千平方千米,厚度达到 700m 甚至更厚。油页岩沉积于多种沉积环境中,从淡水湖泊到高盐湖泊、陆缘海相盆地、潮下大陆架、湖泊与海岸湿地等,通常与煤炭沉积连在一块儿。

从矿物和组成成分来说,油页岩与煤炭在几个方面有明显的差异。油页岩中惰性矿物质含量(60% ~ 90%)一般比煤炭多得多,惰性矿物是指含量低于 40% 的矿物质。油页岩中的有机质是液态烃和气态烃的源泉,比褐煤和含沥青煤炭中的氢含量高,而碳含量较低。

㉓　本报告根据美国内政部的美国地质调查局出版物编辑、节选和扩编而成。本报告早前版本发表于《油页岩》2003 年 20 卷第 3 期,第 193–252 页。

通常，油页岩和煤炭中的有机质指标参数也不同。油页岩中的很多有机质源于海藻，但同时也含有煤炭中更常见有机质的陆生管状植物遗迹。因为缺少易于确定生物体征的可辨识生物结构，所以油页岩中一些有机质的来源不易辨识，这样的有机质可能源于细菌或海藻，或其他有机物的细菌退化物。

一些油页岩的矿物成分是形成碳酸盐的成分，包括钙、白云岩和菱铁矿，不过铝硅酸盐含量较低。而另外一些油页岩正好相反，其硅酸盐中含有石英、长石，黏土矿物占主导，碳酸盐是微量成分。许多油页岩矿藏普遍含有少量硫化物，包括黄铁矿和白铁矿，这表明沉积岩可能是在贫氧到厌氧的水生环境中堆积而成，这种水生环境阻止了掘穴生物和氧化作用对有机质的破坏。

尽管页岩油在当今（2004年）世界能源市场上无法与石油、天然气或煤炭竞争，但在几个缺乏其他化石燃料资源而又拥有易于开发的油页岩矿藏的国家中，已在使用页岩油了。一些油页岩矿藏含有其他有价值的矿物和金属，比如明矾 $[KAl(SO_4)_2 \cdot 12H_2O]$、苏打石（$NaHCO_3$）、碳钠铝石 $[NaAl(OH)_2CO_3]$、硫黄、硫酸铵、钒、锌、铜以及铀。

干燥后的油页岩总热值在 500～4000kcal[1]/kg 之间变化。爱沙尼亚的高品位库克油页岩热值在 2000～2200kcal/kg 之间，该油页岩矿藏燃料目前供应几个发电厂。比较而言，干燥且不含矿物的褐煤热值在 3500～4600kcal/kg 之间［美国材料试验协会（ASTM），1996］。

构造运动和火山活动改造了一些油页岩矿藏。构造变形可能破坏油页岩矿藏的成矿时间，而火山的侵入可能会热解有机物。这种热能的变化可能只限于矿藏的一小部分，也可能影响广泛，致使矿藏的大部分不适于进行页岩油开采。

本报告的目的：（1）讨论油页岩矿藏地质特征，并概述世界各地不同地质背景中选择的油页岩矿藏资源；（2）展示几个1990年来投入开发的油页岩矿藏的新信息（Russell，1990）。

二、可开采资源

一个油页岩矿藏的商业开发取决于很多因素，但地质背景和油页岩资源的物理与化学性质是最重要的，道路、铁路、输电网、水资源和可用劳动力等也是决定油页岩开发必须考虑的因素。在开发油页岩前，应获得现有土地的使用权，而这些土地现在可能是居民区、公园和野生动物保护区。新的地下开采与处理工艺使曾经因地面或空气与水资源遭受污染而受限的地区也可以进行油页岩开发了。

当前的石油供给状况和价格最终使大规模开发油页岩成为可能。现在，从经济角度看，很少有油页岩矿藏的开采与处理能够与常规石油竞争。不过，在一些缺乏石油但拥有油页岩资源的国家，人们发现开发油页岩是有利可图的。未来随着石油减少及其开发成本的上

---

[1] 1kcal=4.1868kJ。

升,油页岩将有更大的用途,比如在电力生产、运输用燃料、石油化工以及其他工业产品等方面。

三、确定油页岩品位

油页岩的品位可根据不同的方法用多种单位确定。油页岩的热值可用热量计确定,用这种方法获得的数据可以写成英制或国际单位制单位,例如每磅油页岩英热单位(Btu/lb[1])、每克油页岩卡路里(cal/g)、每千克油页岩千卡路里(kcal/kg)、每千克油页岩兆焦(MJ/kg)以及其他单位,这个热值在发电厂直接燃烧油页岩发电确定其质量时有用。尽管某种油页岩的热值有用,也是油页岩的一种基本性质,但其不能提供在干馏(破坏性蒸馏)时生成页岩油或可燃气体的数量信息。

在实验室的蒸馏釜中测量油页岩样品产出的页岩油量即可确定油页岩的等级,这可能是目前评价油页岩资源最常用的分析方法。美国常用的方法称为"修正费舍尔实验法",这个方法最先是德国人提出来的,后来美国矿业局用以分析美国西部绿河储层的油页岩(Stanfield 和 Frost,1949),再后来 ASTM 将其作为标准分析方法(D-3904-80,1984 年)。一些实验室进一步完善了费舍尔实验,以便更好地评价不同类型的油页岩及其不同的处理工艺。

标准的费舍尔实验将 100g 油页岩样品碾碎为 8 目(2.38mm)后置于 500℃(以 12℃/min 的温升速度最后达到 500℃)的铝质蒸馏釜中静置 40min,蒸馏出来的油蒸气、天然气和水通过冰水冷却的凝析器进入一个有刻度的离心试管,其中的油和水通过离心作用分离。分析报告将给出页岩油(以及它的相对密度)、水、页岩残渣的质量分数,以及"气 + 损失"差值。

费舍尔实验方法不能确定油页岩的可用总能量。当干馏油页岩时,有机质分解为油、天然气和滞留在油页岩中的活性炭残渣。蒸馏出来的每种气体,主要是烃气、氢气和二氧化碳,一般不单独分析,而是笼统地写成"气 + 损失",也就是 100% 的质量减去油、水与残余页岩之和的差值。一些油页岩可能拥有比费舍尔实验分析报告更大的能量潜力,这取决于"气 + 损失"中的组分。

费舍尔实验方法同样不能说明某种油页岩能够产出的最大油量。其他的干馏方法,比如托斯科Ⅱ型工艺,能够产出超过费舍尔实验法标注为 100% 油量的产量。实际上,一些特殊的干馏方法,比如海托特工艺,能够增加一些油页岩的产油量,与费舍尔实验方法相比可多达 3 ~ 4 倍(Schora 等,1983;Dyni 等,1990)。充其量,费舍尔实验方法仅能近似估算油页岩矿藏的能量潜力。

---

[1] 1lb=0.45359237kg。

评价油页岩资源的新技术有生油岩评价仪和"物质平衡"费舍尔实验法。两种方法都能给出更详尽的油页岩品位信息，但都未广泛应用。修正的费舍尔实验法，或称为改进法，仍然是多数油页岩矿藏评价的主要信息来源。

研究一种简单可靠的油页岩分析方法是有用的，以便确定油页岩的能量潜力，新的方法应该能够提供总的热能，以及油、水、可燃气体（包括氢气）和样品残渣中的焦炭数量。

四、有机物来源

油页岩中的有机物包括海藻、孢子、花粉、植物表皮、草本与木本植物软木碎片以及其他湖相、海相与陆生植物的细胞残留物。这些有机物主要由碳、氢、氧、氮和硫元素组成。一些有机物保存有足够多的生物结构，甚至可将其具体类型分辨为属甚至种类。在一些油页岩中，有机物是松散的，可以说是无组织的（烟煤），人们还不清楚这种无组织物质的来源，但很可能是退化的海藻或细菌遗骸的混合物。少量植物树脂和蜡状物也混入了这些有机物中。化石壳和骨片由磷酸盐矿物和碳酸盐矿物组成，尽管含有有机物，但根据本文的有机物定义，要将其排除在外，并认为是油页岩的矿物基质组成成分。

油页岩中的多数有机物来自各种类型的海相和湖泊相藻类，同时还包括特殊沉积环境和地理位置植物残骸的高等生物形式。在许多油页岩中细菌残骸体积庞大，但难以辨认。

油页岩中的多数有机物不溶于普通的有机溶剂，而其中的一些沥青可溶于某些有机溶剂中。固相的烃（包括黑沥青、韧沥青、脆沥青、石蜡、沥青煤等）常出现在油页岩的纹理或浅洼地储层中，这些烃已经发生了一些化学和物理变化，有几种烃已经获得了商业化开采。

五、有机物热成熟度

油页岩热成熟度指地热能对油页岩中的有机质改造的程度。如果温度足够高（当油页岩埋藏很深时油藏温度就很高），其中的有机质就可能热解形成石油和天然气。在这种情形下，油页岩就是石油和天然气的油源岩，例如，绿河储层油页岩就被认为是犹他州东北部瑞德瓦溪油田原油的生油层。另外，有页岩油和天然气开采价值的油页岩矿藏是地热不成熟的，还没有受到大量热能的作用，这种矿藏一般离地表很近，可通过露天、地下或储层工艺等方式开采。

可通过几种方法测定油页岩的成熟度。一种方法是观察取自不同井筒深度处油页岩样品中有机质颜色的变化。假设有机质受不同深度的地热影响，一些有机质的颜色将从浅色变为深色。岩相学家可以辨识这些颜色差异，并可通过光度学技术进行测量。

如果岩石中存在镜质组，那么油页岩中有机质的成熟度还可用镜质组的反射率确定，石油勘探家常用镜质组反射率确定沉积盆地中油源岩的地热成熟程度。人们已研制出了镜质组反射率仪表以检测沉积岩中的有机质是否达到了生成石油和天然气的温度。不过，这种方法对油页岩来说还存在一个问题,就是镜质组会被有机质中丰富的油脂掩盖而影响其反射率。

油页岩中的镜质组可能难以发现,因为它与海藻类的其他有机质一样,可能不会产生镜质组的反射率响应,从而导致错误的结论。因此,可从平面上类似但不含藻类物质的镜质组岩石中测定镜质组反射率。

在岩石遭受复杂挤压与错断或岩浆岩侵入的地区,油页岩的地热成熟度应进行科学评价,以便合理确定该类矿藏开采的经济潜力。

六、油页岩分类

多年来,油页岩有许多不同的叫法,如烛煤、泥煤、明矾页岩、沥青煤、黑沥青、煤油页岩、烟煤、煤气煤、藻煤、乌龙岗油页岩、沥青页岩、托波莱缇油页岩以及库克油页岩,其中的一些名字仍用于称呼某些类型的油页岩。不过,近期人们根据沉积物的沉积环境、有机物的岩相特征和有机物的指示生物体力图对各种油页岩进行系统分类。

Hutton(1987,1988,1991)提出了有效的油页岩分类方法,他首先运用蓝色或紫外线荧光显微镜技术研究澳大利亚的油页岩沉积物。Hutton借用煤炭行业的岩相术语,主要根据有机物的来源提出了油页岩的分类方法,他的分类实践证明是有用的。该分类法表明,油页岩中的各种有机物与其烃的化学性质关联性好。

Hutton(1991)将油页岩划归为三类富含有机质的沉积岩:(1)腐殖质煤炭与碳质页岩;(2)含沥青岩石;(3)油页岩。他进一步根据陆相、湖泊相和海相沉积环境将油页岩分成三种类型(图1)。

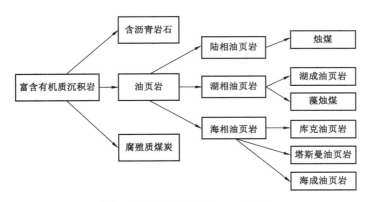

图1　油页岩分类(Hutton,1987)

陆相油页岩富含脂类的有机质包括树脂孢子、蜡质角质膜、树根软木组织以及陆生植物(常见于生成煤炭的湿地与沼泽)的导管茎;湖相油页岩富含脂类的有机质来自淡水、微咸或咸水湖中的藻类;海相油页岩富含脂类的有机质来自海藻、疑源类(不知起源的单细胞生物）以及海洋鞭毛藻类。

油页岩中有几种数量上很重要的有机质岩相组分——结构藻类体、层状藻类体和烟煤，这些组分名改编自煤炭岩相学。结构藻类体是来自大的群集藻类或厚壁单细胞藻类的有机质，属于葡萄藻属种类。层状藻类体包括薄壁的群集或单细胞藻类，这种藻类（极少或没有可辨识的生物结构）呈薄片状。结构藻类体和层状藻类体在蓝色或紫外光下会发出明亮的黄色荧光。

另外，烟煤基本上是无定形的，并缺乏可辨识的生物结构，而且在蓝光下会发出微弱的荧光，通常是细粒矿物质的有机基质。这种物质虽然还没有刻画出它的组成或起源，但它是海相油页岩常见的重要组成成分，含镜质体与惰煤素的煤状物质一般缺少油页岩的主要成分，这两种物质都来自陆生的腐殖质，在显微镜下分别具有中等和高强度的反射率。

在其油页岩的三分（陆相、湖相和海相）分类法中，Hutton（1991）辨识了6种特殊的油页岩，即烛煤、湖成油页岩、海成油页岩、托波莱缇油页岩、塔斯曼油页岩和库克油页岩。储量丰度最大和分布最广的是海相油页岩和湖相油页岩。

烛煤是由树脂、孢子、蜡和角质软木物质组成的棕色到黑色的油页岩，其中的角质软木物质来自镜质体与惰煤素含量不等的陆生管状植物。烛煤起源于缺氧的池塘或泥炭湿地与沼泽的浅湖泊（Stach 等，1975）。

湖成油页岩颜色从浅棕色、灰棕色、深灰色到黑色，其主要的有机质成分是来自湖泊浮游的层状藻类体，其他次要组分包括镜质体、惰煤素、结构藻类体和沥青。美国西部绿河油页岩矿藏和澳大利亚昆士兰东部的几个古近—新近纪湖泊矿藏都属湖成油页岩。

海成油页岩颜色从灰色、深灰色到黑色，其主要的有机组分是来自海洋浮游植物的层状藻类体和烟煤，同时还含有少量的沥青、结构藻类体和镜质体。海成油页岩一般沉积在陆缘海内，比如广阔的浅海大陆架，或波浪作用受限与洋流很小的内陆海里。美国东部的泥盆纪—密西西比纪油页岩属典型的海成油页岩。这些油页岩矿藏一般分布广泛，达到数百到数千平方千米，但是储层厚度相对较小，通常小于100m。

托波莱缇油页岩、塔斯曼油页岩和库克油页岩与特殊的藻类有关，它们的有机质就是来自这些藻类，它们的名字源于当地的地理特征。托波莱缇油页岩（根据苏格兰的托贝因山命名）是一种黑色的油页岩，其主要的有机质来自富含脂类的葡萄藻属结构藻类体和淡水到咸水湖泊中的有关藻类，同时还含有少量的镜质体和惰煤素。这种矿藏通常很小，但品位极高。塔斯曼油页岩（根据澳大利亚东南方塔斯马尼亚岛命名）是棕色至黑色的油页岩，其有机质主要来自塔斯曼岛海域单细胞藻类，同时还有少量的镜质体、层状藻类体和惰煤素。库克油页岩（根据爱沙尼亚科赫特拉库克鲁日庄园命名）是一种浅棕色海相油页岩，其主要有机组分是来自绿藻（黏球形藻）的结构藻类体。爱沙尼亚北部与芬兰湾南部交界海岸的矿藏和其向东延伸至俄罗斯圣彼得堡的矿藏都属库克油页岩。

七、油页岩资源评价

由于人们对全球的许多油页岩矿藏知之甚少,这就需要做大量的勘探钻井和分析工作。早期人们基于少量的资料试图确定全球油页岩资源的总规模,评价的许多油页岩资源等级和数量最多也只是猜想而已。现在这种状况仍没有多大改进,尽管在过去的十来年间公布了很多这方面的信息,主要涉及澳大利亚、加拿大、爱沙尼亚、以色列和美国的油页岩矿藏。

评价全球的油页岩资源非常困难,因为牵涉各种各样的分析单元。油页岩矿藏的等级有多种表示方法,如美制（英制）加仑页岩油 / 美制（英制）吨页岩（gal/t）,升页岩油 / 国际单位制吨页岩（L/t）,桶、英吨或吨页岩油,千卡 / 千克油页岩（kcal/kg）和油页岩单位质量 10 亿焦（GJ）。为了统一评价标准,本报告中的油页岩资源给出了页岩油吨和等效美国桶两种计量单位,而对油页岩的等级划分,按升（页岩油）/ 吨（油页岩）标准进行。如果资源规模仅按体积方式（桶、升、立方米等）给出,则必须同时给出页岩油的密度,或者将这些体积数值转换为吨。按照费舍尔测定法,多数页岩油的密度在 $0.85 \sim 0.97 g/cm^3$ 之间,在不知道页岩油密度时,取值 $0.910 g/cm^3$ 进行资源估算。

一些页岩油矿藏的副产品附加值可观。铀、钒、锌、铝土、磷酸盐、碳酸钠、硫铵和硫是一些潜在副产品。干馏处理后的油页岩用于制造水泥,在德国和中国基本上是这样的。油页岩中的有机质燃烧产生的热能可用于水泥生产工艺中,从油页岩开发中获得的产品还包括专用碳纤维、吸附炭、炭黑、砖、建筑和装饰材料、土壤添加剂、肥料、石棉绝缘物质和玻璃。

这些产品虽然多数规模小或处于试验阶段,但经济潜力大。

全球油页岩资源评价远未完成。由于没有数据或公开出版的信息,许多油页岩矿藏资源量都没有审核过。埋藏深的油页岩矿藏储量资料,比如美国东部泥盆纪的大部分油页岩矿藏就遗漏了,因为在可预见的将来,都不可能去开发这些资源。因此,本报告中公布的总资源数据是保守的估计。本次资源核算侧重于正在开采的较大型油页岩矿藏或因其规模与品位优秀而最具开发潜力的油页岩矿藏。

1. 澳大利亚

澳大利亚的油页岩矿藏从小型且无经济性的矿藏到足以进行商业化开发的大型矿藏都有分布。澳大利亚已证实油页岩资源总计 $580 \times 10^8 t$,其中 $31 \times 10^8 t$ 油（$240 \times 10^8 bbl$）是可采出来的（Crisp 等,1987）（表 1）。

表 1　澳大利亚油页岩矿藏已证实资源

矿藏	期	页岩油储量 10⁶t	产量 L/t	面积 km²	油页岩可采储量	
					10⁶m³	10⁶bbl
阿尔法	古近—新近纪	17	200+	10	13	80
康德	泥盆纪	17000	65	60	1100	6700
迪厄灵加	泥盆纪	10000	82	720	590	3700
朱利亚克里克湾	白垩纪	4000	70	250	270	1700
娄米德	古近—新近纪	1800	84	25	120	740
纳古林	泥盆纪	6300	90	24	420	2700
纳古林南区	泥盆纪	1300	78	18	74	470
伦德尔	泥盆纪	5000	105	25	420	2700
斯图尔特	泥盆纪	5200	94	32	400	2500
雅玛	泥盆纪	6100	95	32	440	2800
新南威尔士						
贝拉米	二叠纪	11	260	—	3	17
格伦戴维斯	泥盆纪	6	420	—	4	23
塔斯马尼亚						
默西河	泥盆纪	55	120	—	8	48
合计		57000			3900	24000

　　澳大利亚的油页岩矿藏从寒武纪到新近纪都有，而起源则具多样性。该国东部 1/3 国土上的油页岩矿藏分布在昆士兰州、新南威尔士州、南澳大利亚州、维多利亚州和塔斯马尼亚州（图 2）。位于昆士兰州境内的油页岩矿藏最具经济开发潜力，包括古近—新近系的湖成伦德尔、斯图尔特和康德矿藏。大部分白垩纪早期的海相吐尼布克组油页岩主要分布在昆士兰州境内。新南威尔士州玖迪亚湾与格伦戴维斯地区的藻烛煤矿区和塔斯马尼亚岛的塔斯曼油页岩矿区在 19 世纪的后半期就开始开采生产页岩油，一直持续到 20 世纪早期。这些高品位矿藏的剩余资源经济上并不重要（Alfredson，1985）。1988 年，Knapman 研究了玖迪亚湾油页岩开采的辉煌历史，直到 20 世纪 90 年代斯图尔特油页岩项目投运。1952 年关闭的格伦戴维斯油页岩矿区是澳大利亚最后一座油页岩生产厂。1860—1952 年，澳大利亚共开采了约 400×10^4t 油页岩（Crisp 等，1987）。

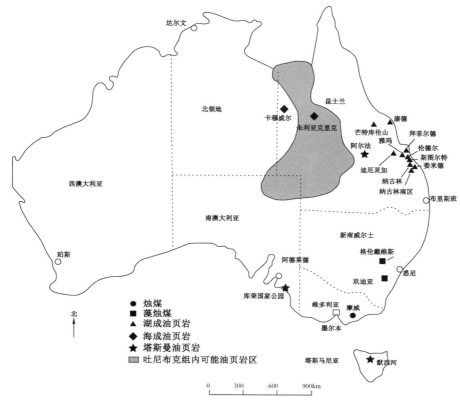

图 2　澳大利亚油页岩矿区(Crisp 等,1987)

吐尼布克组油页岩区域源自 Cook 和 Sherwood,1989

（1）藻烛煤。

澳大利亚早期的油页岩生产多来自新南威尔士州的藻烛煤矿藏。1860—1960 年,澳大利亚多达 16 个油页岩矿藏投入了开发。在开发早期,澳大利亚和其他国家用藻烛煤生产高纯度天然气,不过同时还产出了链烷烃、煤油以及木材防腐油与润滑油。到了 20 世纪 90 年代,藻烛煤就用于生产汽油。尽管藻烛煤实验分析每吨含油高达 480 ～ 600L,但干馏炉进料平均每吨含油 220 ～ 250L。在新南威尔士州的 30 个藻烛煤矿藏中,其中 16 个投入了商业开发(Crisp,1987)。

人们研究了昆士兰州的两个小型藻烛煤矿藏。一个是阿尔法藻烛煤矿藏,该矿尽管小,但品位很高,其潜在的储层页岩油达 1900×10^4 bbl (Noon,1984);另一个是更小的卡那封藻烛煤矿藏。

（2）塔斯曼油页岩。

20 世纪早期,有几家公司打算开发塔斯马尼亚岛二叠纪的海相塔斯曼油页岩。1910—1932 年,总共间歇式地产出了 1100m^3 （约 7600bbl ）页岩油。除非发现新的油页岩资源,该矿藏不会再开发了（Crisp 等，1987）。

（3）吐尼布克组油页岩。

在昆士兰州及其邻近州（图 2）的伊罗曼加和卡奔塔利亚盆地区域内分布有 484000km² 的下白垩统海相吐布尼克组油页岩，该地区油页岩厚度在 6.5 ～ 7.5m 之间，平均每吨油页岩产油仅 37L，因此该区油页岩是低品位资源。不过，吐布尼克组储层估计页岩油储量为 2450×10⁸m³（约 1.7×10¹²bbl）。除去地表 50m 内风化的油页岩，地下 50 ～ 200m 储层约占总资源 20% 的油页岩可进行露天开采（Ozimic 和 Saxby，1983），该区油页岩中还含有铀和钒。朱利亚克里克附近区域是油页岩开发的有利地区之一，该区吐布尼克组油页岩接近地表，适于露天开采，这部分储量有 15×10⁸bbl，但品位太低，目前不宜开发（Noon，1984）。

吐布尼克组油页岩有机质主要是烟煤、碎屑壳质体和层状藻类体（Hutton，1988；Sherwood 和 Cook，1983）。该区油页岩具有高芳香性（大于 50%），其氢原子与碳原子之比为 1.1±0.2。实验常规干馏工艺仅能将 25% 的有机质转化为页岩油（Ozimic 和 Saxby，1983）。

（4）昆士兰东部油页岩。

1973—1974 年的石油危机导致原油价格上涨，极大地推动了澳大利亚的油页岩勘探。20 世纪 70 年代后期与 80 年代早期，在昆士兰东部地区伦德尔、康德、迪厄灵加、斯图尔特、拜菲尔德、库龙、纳古林和雅玛等发现或证实了大规模的油页岩。不过，到 1986 年，原油价格又大幅下跌，人们对油页岩勘探的兴趣又减小了（Crisp 等，1987）。

人们在昆士兰东部地区 9 处古近—新近纪油页岩矿藏中通过钻探取心研究油页岩，这些区块包括拜菲尔德、康德、迪厄灵加、娄米德、纳古林、纳古林南区、伦德尔、斯图尔特和雅玛等（图 2）。这些矿藏多数属沉积于淡水湖泊中的湖相油页岩，分布在地堑带区域，通常与形成煤炭的沼泽地有关。

矿物成分主要是石英和带少量菱铁矿、碳酸盐矿物和黄铁矿的黏土矿物。以每吨油页岩产油 50L 为低限截断值，则该区矿藏储量规模在（10 ～ 174）×10⁸t 页岩油之间。最大的三个矿藏是康德（174×10⁸t）、纳古林（63×10⁸t）和伦德尔（50×10⁸t）（Crisp 等，1987）。

目前南太平洋石油公司（SPP）和中太平洋矿业公司（CPM）正在开发的斯图尔特矿估计有 30×10⁸bbl 页岩油。截至 2003 年 2 月，露天开采方式已采出 116×10⁴t 油页岩，并用塔瑟克干馏工艺生产了 702000bbl 页岩油。从 2003 年 9 月 20 日到 2004 年 1 月 19 日的 87 天稳定生产期间，最高日产页岩油 3700bbl，平均 3083bbl（SSP/CPM 2003 年 12 月季度报告，2004 年 1 月 21 日）。斯图尔特厂于 2004 年 10 月停产，以期做进一步的评价。

2. 巴西

巴西各地至少已报道了从泥盆纪到新近纪的 9 处油页岩矿藏（Padula，1969）。其中，有

两处矿藏最受关注:(1)圣保罗市东北圣保罗州帕拉伊巴峡谷古近—新近纪的湖成油页岩;
(2)二叠纪的伊拉特组油页岩,该储层在巴西南部分布广泛(图3)。

图3 巴西油页岩矿藏(据 Padula,1969)

①—泥盆纪海相油页岩;②—白垩纪油页岩;③—白垩纪油页岩;④—白垩纪油页岩;⑤—白垩纪油页岩;
⑥—三叠纪湖成油页岩(圣保罗附近帕拉伊巴峡谷);⑦—油页岩(年代不清楚);⑧—油页岩(年代不清楚);
⑨—二叠纪油页岩(伊拉迪地层)(实线标识的露头)

(1)帕拉伊巴峡谷。

钻探发现帕拉伊巴峡谷 $86km^2$ 的土地下蕴藏有 8.4×10^8 bbl 页岩油,而总资源估计有
20×10^8 bbl。人们感兴趣的一处矿藏,储层厚 45m,包括几种类型的油页岩:(1)棕色到深棕
色含化石薄层油页岩,含油 8.5% ～ 13%(质量分数);(2)同一种颜色的薄层油页岩,含油
3% ～ 9%(质量分数);(3)深橄榄色且含少量化石的低品位油页岩(具有贝壳状裂纹)。

(2)伊拉特组油页岩。

鉴于二叠系伊拉特组油页岩易于开采、品位高且分布广泛,是最具经济开发潜力的矿
藏。伊拉特组油页岩露头出现在圣保罗州的东北部,向南延伸 1700km 至南里约格朗德州

南部边境并进入乌拉圭的北部(图 3)。该区油页岩总面积不清楚,因为该矿藏的西部片区为火山熔岩流所覆盖。

在南里约格朗德州,油页岩被 12m 厚的页岩和石灰岩分隔为两个矿床。这两个矿床在圣加布里埃尔地区是最厚的,上层矿藏厚 9m,向南向东变薄,下层矿藏厚 4.5m,同样是向南变薄。在巴拉那州南圣马特乌索—伊拉特地区,油页岩上下矿藏分别厚 6.5m 和 3.2m(图 4)。在圣保罗州及圣卡塔琳娜州一些地区,油页岩储层多达 80 层,各层厚度从几毫米到几米,其中石灰岩和白云岩分布极不规则。

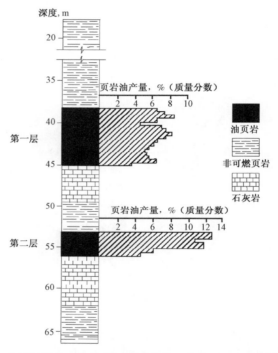

图 4　南圣马特乌索伊拉特组油页岩第一和第二矿床典型岩性图
（巴西石油公司未公布资料,1985 ）

在巴拉那州南部的南圣马特乌索附近地区,利用取心钻探成果勾绘出了 82km² 的油页岩储层,其中蕴藏有 6 亿多桶页岩油(约 8600×10⁴t),约合 730×10⁴bbl/km²。在南里约格兰德州的圣盖博和唐佩德里图地区,下层矿床页岩油质量分数约为 7%,不过资源量与上述地区相当,但是上层矿床页岩油质量分数仅为 2% ～ 3%,普遍认为不宜开发(Padula,1969)。

伊拉特组油页岩颗粒极细,并成层分布,颜色呈深灰色、棕色和黑色。黏土矿物占60% ～ 70%,有机质占剩余组分的多数,还含有少量的碎屑石英、长石、黄铁矿以及其他矿物,碳酸盐矿物极少。伊拉特组油页岩不像美国东部的海相油页岩,所含金属量并不明显。表 2 列出了伊拉特组油页岩的一些物性特征。

表2　南圣马特乌索伊拉特组油页岩平均物性值

分析项目	质量分数,%
水分	5.3
有机碳(干样品)	12.7
有机氢(干样品)	1.5
费舍尔分析法(干样品)	—
页岩油	7.6
水	1.7
气	3.2
页岩渣	87.5
总硫黄(干样品)	4
总热值(干样品),kcal/kg	1480
油页岩进料,L/t	70~125

资料来源:巴西石油公司未公布资料,1985年。

伊拉特组油页岩的起源存在争议。一些学者认为,油页岩中的地化信息表明油页岩中的有机质来自淡水进入含盐湖泊环境中大量的藻类或微生物(Afonso等,1994)。另外,Padula(1969)援引早期学者的研究成果,认为富含有机质的沉积物是在盐分减少并与开放性海洋连通的半封闭陆内海洋盆地(巴拉那盆地)中形成的,盆地是在晚石炭世冰川作用后形成的。Hutton(1988)将伊拉特组油页岩划分为海相油页岩。

巴西的油页岩工业开发始于1954年巴西国家石油公司成立之时,其分公司油页岩工业开发管理局(SIX)负责油页岩矿藏的开发,其早期的工作主要集中在帕拉伊巴油页岩,但后来重心转移至伊拉特油页岩。1972年,在南圣马特乌索附近建设的油页岩干馏炉和伊拉特油页岩示范厂(UPI)投入运行(图3),该厂设计能力为日处理油页岩1600t。1991年,直径为11m的工业化干馏炉投入生产,其设计能力为日产油约550t(近3800bbl)。从伊拉特组油页岩示范厂投产到1998年,共产出了150×10^4t(近1040×10^4bbl)页岩油和其他产品,如液化石油气(LPG)、甲烷和硫黄。

3. 加拿大

加拿大的油页岩矿藏从奥陶纪到白垩纪,包括湖相和海相,并已有19处矿藏得到证实(Macauley,1981;Davies和Nassichuk,1980)(图5和表3)。20世纪80年代,对几处油页岩矿藏进行了钻探取心(Macauley,1981,1984a,1984b;Macauley等,1985;Smith和Naylor,1990)。研究包括地质分析、岩心评价与X射线衍射分析、有机质岩石学、气相色谱分析与油页岩质谱分析以及烃干馏分析。

图 5　加拿大油页岩矿藏分布图
（矿藏编号对应表 3，改编自 Macauley 1981 年图，图中灰色是湖泊）

表 3　加拿大油页岩矿藏

图中编号	矿藏位置	地质单元	期	页岩油类型	厚度 m	等级 L/t
1	安大略省马尼图林—科灵伍德区域	科灵伍德页岩	奥陶纪	海成油页岩	2～6	＜40
2	安大略省渥太华地区	比灵斯页岩	奥陶纪	海成油页岩	—	未知
3	西北地区南安普敦岛	科灵伍德页岩等价物（？）①	奥陶纪	海成油页岩	—	未知
4	伊利湖北岸安大略省境内埃尔金县和诺福克县	马塞勒斯组	泥盆纪	海成油页岩	—	可能低
5	西北地区省诺曼韦尔斯	卡诺尔组	泥盆纪	海成油页岩	≤ 100	未知

续表

图中编号	矿藏位置	地质单元	期	页岩油类型	厚度 m	等级 L/t
6	魁北克省加斯佩半岛	约克河组	泥盆纪	海成油页岩	—	未知
7	安大略省西南温莎—萨尼亚地区	凯特尔帕因特组	泥盆纪	海成油页岩	10	41
8	安大略省穆斯河盆地	龙拉匹兹组	泥盆纪	海成油页岩	—	未知
9	新不伦瑞克省蒙克顿子流域	艾伯特组	石炭纪		15~360	35~95
10	新斯科舍省安蒂戈尼什盆地	霍顿群	石炭纪	湖成油页岩	60~125	≤59
11	纽芬兰省汉伯谷鹿湖	鹿湖群	石炭纪	湖成油页岩	<2	15~146
12	纽芬兰省康奇地区	凯普鲁伊组	早密西西比纪	藻烛煤	—	未知
13	新斯科舍省皮克图县斯泰勒顿盆地	皮克图群	宾夕法尼亚纪	藻烛煤和湖成油页岩	<5~35（共60层）	25~140
14	不列颠哥伦比亚省夏洛特皇后岛	琨咖组	侏罗纪	海成油页岩	≤35	≤35
15	不列颠哥伦比亚省卡里布地区	?[①]	早侏罗世	海成油页岩	—	少量油
16	马尼托巴省与萨斯喀彻温省交界的马尼托巴斜坡	博因与法维尔组	白垩纪	海成油页岩	分别是40和30	20~60
17	西北地区安德森平原	冒烟山组	晚白垩世	海成油页岩	30	>40
18	西北地区与育空地区麦肯齐河三角洲	边界河组	晚白垩世	海成油页岩	—	未知
19	努纳武特地区德文岛格林内尔半岛	艾玛湾组	早密西西比纪	湖泊：湖成油页岩?[①]	>100	11~406

① 原文如此。

新不伦瑞克艾伯特组油页岩属密西西比纪湖成油页岩,具有最大的开发潜力(图5)。艾伯特组油页岩平均每吨产油100L,具有采油潜力并可与煤炭一起燃烧生产电力。

海相油页岩(包括安大略省南部泥盆纪的凯特尔帕因特组和奥陶纪科林伍德油页岩)页岩油产量相对较少(每吨约40L),但通过加氢干馏工艺处理后其产量可以翻倍。草原省份(曼尼托巴、萨斯喀彻温和艾伯塔三省)白垩纪博因与法维尔组低品位油页岩拥有极大的资源量。西北地区安德森平原和麦肯齐三角洲晚白垩世油页岩几乎还未勘探,但可能具有经济潜力。

加拿大北极圈群岛中的格林内尔岛、德文岛等早白垩世湖成油页岩露头厚达 100m，岩石评价中的样品分析表明，页岩油产量达到 387kg/t（约合 406L/t）。对大多数的加拿大油页岩矿藏，其储层页岩油储量信息仍然知之甚少。

密西西比纪艾伯特组湖成油页岩分布在新不伦瑞克省南部圣约翰和蒙克顿之间芬迪盆地蒙克顿子流域（图 6 中 1 号区域和表 3 中编号 9）。矿藏的主体部分位于该子流域东端蒙克顿市东南 25km 的艾伯特矿区，该区已有一口深达 500 多米钻至油页岩层的井。不过，复杂的褶皱和断层掩盖了油页岩储层的真实厚度，实际层厚可能小得多。

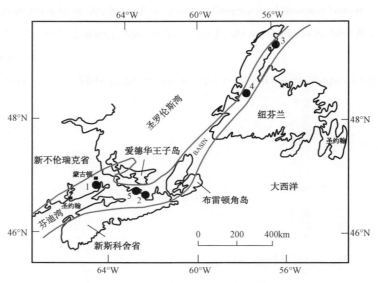

图 6　加拿大海洋省份油页岩矿藏分布图
（改编自 Kalkreuth 和 Macauley，1987）
1—蒙克顿坳陷（艾伯特—迈因斯镇）；2—安蒂戈尼什（比格·马什镇）；
3—康奇镇；4—鹿湖公园；5—皮克图（斯泰勒顿镇）

该区地层最下面的部分是艾伯特段，单井厚度约 120m，前面已提到由于构造的复杂性，实际地层厚度可能仅有一半，页岩油的平均产量从每吨不到 25L 到超过 150L，页岩油的平均相对密度为 0.871。艾伯特段油页岩经费舍尔实验法估计每吨产油 94L，总储量估计有 6700×10^4bbl。该区全部油页岩层段储量估计 2.7×10^8bbl（Macauley 等，1984），约合 3700×10^4t 页岩油。

油页岩由白云质泥灰岩、层状泥灰岩和黏土泥灰岩交互组成。矿物基质由白云石、局部方解石、含石英的少量菱铁矿、长石、部分方沸石、丰富的伊利石和微量的蒙脱石组成。白云石、方沸石和下伏岩盐层的出现表明，油页岩可能是在含碱的盐湖环境中沉积下来的。

最先商业开发的是单一的沥青煤矿脉，即油页岩矿藏中固态的烃碎屑，该矿藏于1863—1874年在335m深的储层中进行挖掘生产，该阶段共采出了14×10^4t沥青煤，并在美国以18美元/t的价格出售。20世纪早期运送了41t沥青煤样品到英国，该样品每吨产油420L，产气450 m^3。1942年，加拿大矿产与资源部启动了取心项目以验证油页岩矿藏，共钻了79口井，估算深度122m以内的油页岩资源是9100×10^4t。油页岩等级评价每吨产油44.2L。1967—1968年，大西洋富田公司又打了10口井检验更深层的油页岩，1976年加拿大西方石油公司又进一步钻探了油页岩（Macauley，1981）。

4. 中国

中国两处主要的油页岩资源分别在抚顺和茂名。油页岩最初商业化生产是在1930年辽宁抚顺炼油一厂建成后开始的，此后在1954年建成了抚顺炼油二厂，1963年在广东茂名建成了炼油三厂，这三家生产页岩油的炼厂最后都转去炼制便宜的原油了。1992年在抚顺建成了新的油页岩干馏厂并投入生产，该厂共有6套抚顺型干馏塔，每套日处理油页岩100t，年产6×10^4t（约合41.5×10^4bbl）页岩油（Chilin，1995）。

（1）抚顺油页岩。

抚顺始新统时代的油页岩和煤炭矿藏位于中国东北辽宁省抚顺市南部。煤炭和油页岩是白垩纪与古近—新近纪沉积岩和下伏早寒武世花岗质片麻岩上火山岩外离群物中的一小部分（Johnson，1990）。在该地区，亚烟煤到烟煤、钙质泥岩与页岩和砂岩透镜体组成了始新统时代古城子组，地层厚度在$20 \sim 145$m之间，平均为55m。在抚顺附近西部露天煤矿中，有6个煤层，还有一个厚度在$1 \sim 15$m之间、可用于装饰性雕刻的烛煤层，该层还含有红色到黄色的宝石级琥珀。

位于古城子组之上的古近纪计军屯组由湖成油页岩组成，该油页岩下与古城子组相交，上与西露天组的绿色湖相泥岩相邻（图7）。计军屯组厚度在$48 \sim 190$m之间，西部露天煤矿主体厚度为115m，该矿暴露充分，底部是厚为15m的浅棕色低品位油页岩，其余上部100m较高等级的油页岩颜色从棕色到深棕色，成层性好，从薄层到中厚层分布。

该区油页岩含有丰富的大化石，包括蕨类植物、松树、橡树、柏树、银杏树和漆树，也有小化石，如软体动物和甲壳动物（介形类动物）。油页岩与下伏煤层的渐进相交表明油页岩是在内陆沼泽盆地环境中逐步沉积，后来又在湖泊环境中沉积形成的（Johnson，1990）。

油页岩的页岩油产量在$4.7\% \sim 16\%$之间（质量分数），而采出油页岩的油产量平均在$7\% \sim 8\%$之间（合$78 \sim 89$L/t）。该矿区附近的油页岩资源估计有2.6×10^8t，其中2.35×10^8t（90%）可采。抚顺地区油页岩总资源量估计有36×10^8t。

西部露天煤矿位于东西走向的密实褶曲向斜上（图7），并被几条压缩和张性断裂切割，该矿区东西向长6.6km，宽2.0km，其西端深300m。此外，该露天矿的东部还有两个地下矿。

该露天矿的底部是向斜的南段,并向北倾斜 22° ～ 45° 偏向褶皱轴。向斜的北翼倾覆段为东西向逆冲断层所包围,该断层使白垩系龙凤坎组砂岩与计军屯组油页岩直接相交(图 7)。

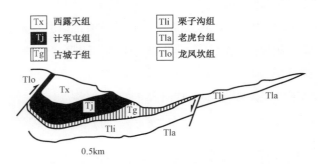

(a)横贯西部露天煤矿地层南北向剖面图(无垂向缩放)

期		群/组		岩性
古近系	始新统	抚顺群	耿家街组	棕色页岩
			西露天组	绿色泥岩
				油页岩
			古城子组	煤炭
	古新统		栗子沟组	凝灰岩
			老虎台组	玄武岩
白垩系			龙凤坎组	砂岩

(b)标准地层剖面图(无缩放)

图 7　中国辽宁省抚顺油页岩矿藏地质剖面图和地层剖面图
（摘自 Johnson, 1990）

抚顺的煤矿开采始于 1901 年,先在俄罗斯后在日本人的监管下,煤炭产量不断上升,到 1945 年达到顶峰,然后急剧下降并维系低产量生产至 1953 年,中国的第一个五年计划期间产量又上升了。

抚顺煤矿开采的头 10 ～ 15 年,作为覆盖层的油页岩被扔掉了。在日本人的监管下, 1926 年开始了油页岩开采,到 20 世纪 70 年代早期达到年产 6000×10⁴t 的高峰,然后下降至 1978 年的 8×10^4t 水平,原因是中国境内发现和开采了越来越多更为便宜的原油。Baker 和 Hook（1979）发表了抚顺油页岩加工的更多细节。

（2）茂名油页岩。

茂名古近—新近纪油页岩矿藏,长 50km,宽 10km,厚 20 ～ 25m。油页岩总储量达 $51×10^8$t,其中金塘矿区有 $8.6×10^8$t。该区费舍尔实验法分析产油量在 4% ～ 12% 之间（质量分数）,平均为 6.5%。油页岩岩心呈黄棕色,表观密度约为 $1.85g/cm^3$。油页岩灰分含量为 72.1%,含水量为 10.8%,含硫量为 1.2%,热值为 1745kcal/kg（干样品）。油页岩年产量为 $350×10^4$t（郭权,1988）。8mm 油页岩灰粉热值为 1158 kcal/kg,含水量为 16.3%,不能进行干馏,但进行了流化床锅炉燃烧试验,生产出的水泥油页岩灰分含量在 15% ～ 25% 之间。

5. 爱沙尼亚

18 世纪以来,爱沙尼亚的奥陶纪库克油页岩矿藏就有名了。不过,只是在第一次世界大战导致的燃料短缺后,积极的油页岩勘探工作才开始,大规模的开采油页岩始于 1918 年,油页岩当年的露天开采量为 17000t,到 1940 年,年产量达到 $170×10^4$t。直到第二次世界大战苏联时代,产量才急剧攀升,1980 年 7 个露天与地下矿藏的产量达到 $3140×10^4$t 的高峰值。

1980 年后,油页岩年产量下降至 1994—1995 年的 $1400×10^4$t（Katti 和 Look,1998;Reinsalu,1998a）,之后又开始上升。1997 年,从 6 处房柱式地下矿藏和 3 处露天矿藏采出了 $2200×10^4$t 油页岩（Opik,1998）,其中 81% 的油页岩用作发电厂燃料,16% 加工成石化原料,其余油页岩则用于生产水泥和少量的其他产品。1997 年,政府给油页岩公司的补贴达到 1.324 亿爱沙尼亚克鲁恩元（约合 970 万美元）（Reinsalu,1998a）。

在爱沙尼亚北部,库克油页岩矿藏占地超过 $5×10^4$km^2,并向东延伸至俄罗斯境内的圣彼得堡油页岩矿藏［图 8（a）］。爱沙尼亚境内地质年代略新的塔帕库克油页岩矿藏位于爱沙尼亚矿藏之上［图 8（a）］。

中奥陶统的科格卡洛斯组和维维科拉组是多达 50 层的库克油页岩和富含干酪根灰岩与仿生灰岩的交互沉积地层,这些分布于爱沙尼亚矿区中部的地层厚度在 20 ～ 30m 之间,其中库克油页岩层厚度一般为 10 ～ 40cm,最厚可达 2.4m。该区油页岩有机质含量达到 40% ～ 45%（质量分数）（Bauert,1994）。

爱沙尼亚最好的库克油页岩岩心分析每克油页岩产油量高达 300 ～ 470mg,相当于每吨油页岩产油 320 ～ 500L,7 处露天矿藏岩心的热值在 2440 ～ 3020kcal/kg 之间（Reinsalu,1998a）。多数有机质来源于绿藻化石的黏球形藻,这种藻类与现代石囊藻属蓝藻菌关系紧密,是潮间带至浅水潮下带藻丛的现存种类（Bauert,1994）。

爱沙尼亚库克油页岩和层间灰岩的骨架矿物包括:含量最多的低镁方解石（大于 50%）、白云石（10% ～ 15%）和硅质碎屑,如石英、长石、伊利石、绿泥石以及黄铁矿（10% ～ 15%）。与爱沙尼亚北部页岩和瑞典的下奥陶统油页岩不同,库克油页岩及其中的石灰岩重金属含量低（Bauert,1994;Andersson 等,1985）。

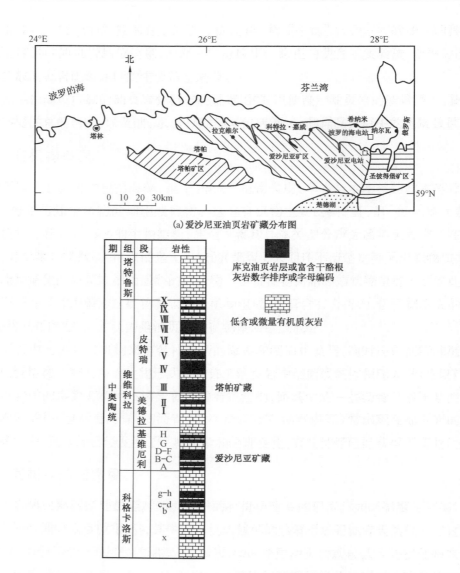

(a) 爱沙尼亚油页岩矿藏分布图

(b) 爱沙尼亚库克油页岩矿床分布图

图8 爱沙尼亚和俄罗斯北部库克油页岩分布与地层剖面图
（Kattai 和 Lokk, 1998；Bauert, 1994）

Bauert（1994）认为库克油页岩和石灰岩沉积序列是在靠近芬兰的波罗的海北边浅海潮下盆地中东西向堆叠沉积而成的,丰富的海洋大化石和低黄铁矿表明是底部洋流作用弱的富氧水环境,库克油页岩均匀、薄层且连续的大范围分布佐证了上述推断。

Kattai 和 Lokk（1998）估计库克油页岩证实和概算储量有 59.4×10^8t。Reinsalu（1998b）详细审查了估算爱沙尼亚库克油页岩资源的标准。除了上覆岩层厚度、油页岩层本身的厚度和等级外,Reinsalu 还定义了形成储量的库克油页岩岩床,即开采油页岩并将其运输给消费者的成本是否低于能量值为 7000kcal/kg 的等量煤炭交付成本。他将每平方米矿床热量值超过 25×10^8 J 的油页岩定义为库克油页岩矿床。据此,爱沙尼亚库克油页岩矿床 A—F 的总资源量估计为 63×10^8 t[图 8(b)],其中包括 20×10^8 t"活跃"储量(即值得开采的油页岩)。塔帕矿藏没有包含在上述估算值中。

爱沙尼亚矿区的勘探井超过 10000 口。爱沙尼亚库克油页岩勘探程度相对比较高,而塔帕矿藏目前还处于勘探阶段。

另一个较老的早奥陶世海相网笔石油页岩矿藏分布于爱沙尼亚北部大部分地区。至今,该矿藏的公开资料都很少,因为苏联时期在此秘密开采过铀矿。该矿藏的储层厚度从不到 0.5m 至超过 5m 之间变化(图 9)。已从锡拉迈埃附近网笔石油页岩地下矿采出的 271575t 油页岩中共生产了 22.5t 元素铀,这种铀(U_3O_8)是从锡拉迈埃加工厂的岩心中提取出来的(Lippmaa 和 Maramäe,1999,2000,2001)。

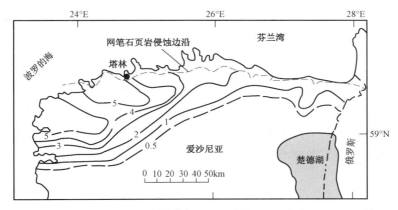

图 9 爱沙尼亚北部奥陶纪网笔石油页岩厚度等值线图(单位:m)(Loog 等,1996)

将来爱沙尼亚的油页岩开发将面临一些问题,包括来自天然气、石油和煤炭的竞争。目前,库克油页岩的露天开采最终将转向成本更高的深层油页岩地下开采,同时油页岩燃烧及油页岩多年采矿和加工遗留下来的矸石堆微量元素和有机物浸析会带来严重的空气和地下水污染。目前,正在进行已枯竭矿区复垦和油页岩残料处理,并在研究减轻油页岩工业开矿地区环境恶化的办法。

Kattai 等(2000)详细审查了爱沙尼亚库克油页岩矿藏地质、采矿和复垦情况。

6.以色列

以色列确认了晚白垩世 20 个海相油页岩矿藏(图 10,Minster,1994),总储量约 120×10^8 t,其岩心平均热值为 1150kcal/kg,平均质量产油量为 6%。Fainberg(1996)认为寇格曼层储层厚度为 35 ~ 80m,而帕马公司认为厚度在 5 ~ 200m 之间(表 4)。油页岩有机质含量相对较低，质量分数在 6% ～ 17% 之间，产油量仅为 60 ～ 70L/t，水分含量高（近20%），碳酸盐含量高（方解石 45% ～ 70%），硫含量高（质量分数为 5% ～ 7%）（Minster，1994）。一些油页岩矿藏可进行露天开采，位于米歇罗特姆露天矿油页岩储层之下可商业化开发的磷酸盐矿床厚 8 ～ 15m。

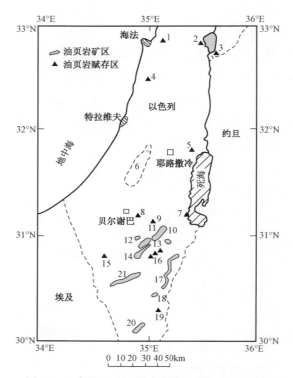

图 10　以色列油页岩矿藏分布图（Minster，1994）

1—谢法尔埃蒙；2—阿贝尔；3—雅姆克；4—哈代拉；5—纳比—穆萨；6—谢菲拉—哈尔图夫；
7—恩布克；8—内瓦蒂姆；9—阿鲁尔；10—米寿—特拉恩；11—米寿—亚明；12—耶罗哈蒙；
13—奥龙；14—比克爱堤—齐恩；15—席伏塔；16—那哈尔—齐恩；17—那哈尔—阿洛姆；
18—哈尔—里希培；19—巴兰；20—采尼菲姆；21—斯德伯克

表 4　以色列 10 个油页岩矿藏特征参数对比表
（摘自帕马公司，2000）

矿藏	上覆岩层厚度 m	油页岩层厚度 m	油页岩有机质含量 %	油页岩资源 10^6t
纳比穆萨	0～30	25～40	14～18	200
谢菲拉—哈尔图夫	25～50	150～200	14～15.5	1100
恩布克	30～100	40～60	15	200
米歇罗特姆	20～150	20～150	11～17	2260

续表

矿藏	上覆岩层厚度 m	油页岩层厚度 m	油页岩有机质含量 %	油页岩资源 10^6t
米歇亚明	20～170	20～120	10～18.5	5200
耶罗哈蒙	70～130	10～50	16	200
奥龙	0～80	10～60	15～21	700
那哈尔齐恩	5～50	5～30	12～16	1500
采尼菲姆	30～50	10～60	8	1000
斯德伯克	50～150	15～70	15～18	3000

帕马公司营运的 25MW 实验发电厂汽轮发电机流化床锅炉每小时烧油页岩 55t,这些油页岩采自罗特姆亚明矿藏(图 10 中 10 号和 11 号矿藏)。这个电厂 1989 年投运(Fainberg 和 Hetsroni,1996),但现在已经关闭了。特姆亚矿藏的油页岩等级不一致,其热值在 650～1200kcal/kg 之间变化。

7. 约旦 ❶

约旦仅有几处油气资源且没有商业煤炭矿藏,不过,该国已有 26 个油页岩矿藏,其中的部分矿藏是大型矿藏,而且品位较高(Jaber 等,1997;Hamarneh,1998)。最重要的 8 个矿藏是:朱若夫·埃德·达拉威什、苏尔塔尼、瓦迪·玛哈尔、埃尔·拉吉卷、阿塔洛特·乌蒙·古德兰、卡恩·叶兹·赛比博、西瓦格和瓦迪·塔玛德(图 11)。这 8 个矿藏位于约旦中西部死海东部 20～75km 区域。已钻探的埃尔·拉吉卷、苏尔塔尼和朱若夫·埃德·达拉威什 3 个矿藏勘探程度最高,并已分析了许多岩心样品。表 5 统计了这 8 个矿藏的地质与资源资料。

表 5　约旦 8 个油页岩矿藏资源统计表

矿藏	探井数口	面积 km^2	上覆岩层厚度 m	油页岩厚度 m	页岩油含量质量分数,%	油页岩 10^9t	页岩油 10^6t
埃尔·拉吉卷	173	20	30	29	10.5	1.3	126
苏尔塔尼	60	24	70	32	7.5	1	74
朱若夫·埃德·达拉威什	50	1500	70	31	?	8.6	510
阿塔洛特·乌蒙·古德兰	41	670	50	36	11	11	1245

❶　许多约旦油页岩矿藏的名字,约旦人和其他人的拼写都不同,可能是因为阿拉伯文译为英文太困难的原因。本报告中的矿藏名字来自不同的渠道,可能不是用得最好的名字。

续表

矿藏	探井数口	面积 km²	上覆岩层厚度 m	油页岩厚度 m	页岩油含量质量分数, %	油页岩 10^9t	页岩油 10^6t
瓦迪·玛哈尔	21	19	40	40	6.8	31.6	2150
瓦迪·塔玛德	12	150	140~200	70~200	10.5	11.4	1140
卡恩·叶兹·赛比博	—	?	70	40	6.9	?	—
西瓦格	—	—	—	—	7	—	—
合计	—	2385	—	—	—	64.9+	5246+

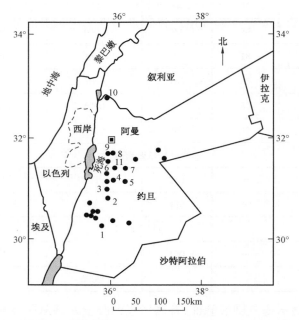

图 11　约旦油页岩矿藏分布图（Jaber 等,1997；Hamarneh,1998）

1—马安；2—朱若夫·埃德·达拉威什；3—埃尔哈萨；4—苏丹；5—瓦迪·玛哈尔；6—埃尔·吉拉卷；
7—阿塔洛特·乌蒙·古德兰；8—卡恩·叶兹·赛比博；9—瓦迪·塔玛德；10—雅蒙克；11—西瓦格

　　约旦的油页岩矿藏属晚白垩世（麦斯里希特阶）至古近纪海相矿藏。有几个矿藏位于地堑带，其中部分矿藏证实是较大型矿藏的组成部分，比如，瓦迪·玛哈尔矿藏大家就认为是阿塔洛特·乌蒙·古德兰矿藏向南延伸的部分（图 11）。表 5 中列出的矿藏埋藏浅，且基本上都是水平储层，多达 90% 的油页岩可露天开采（Hamarneh,1998）。上覆地层由含有泥灰岩与石灰岩矿脉的非胶结砾石和泥沙组成，有些地区还含有玄武岩矿石。总体上，油页岩向北变厚延至约旦北部边境雅蒙克矿藏，该矿藏延伸进入叙利亚境内（图 11），这是一处异常大型的矿藏，平面上有几百平方千米，厚度达 400m（Tsevi Minster,1999,私人书信）。

约旦中部的油页岩位于海相乔克—马尔单元内,该单元下部是磷质石灰石和磷灰岩燧石单元。油页岩通常呈棕色、灰色或黑色,风化后变成银灰色。油页岩的含水量低(质量分数在2%～5.5%之间),与之相比,以色列的油页岩含水量高得多,其值在10%～24%之间(Tsevi Minster,1999,私人书信)。埃尔·拉吉卷油页岩的主要矿物成分有方解石、石英、高岭石和磷灰石,以及少量的白云石、长石、黄铁矿、伊利石、针铁矿和石膏(图11)。约旦油页岩的硫含量在0.3%～4.3%之间,朱若夫·埃德·达拉威什矿藏和苏尔塔尼矿藏的硫含量分别高达8%～10%。让人感兴趣的是,朱若夫·埃德·达拉威什矿藏、苏尔塔尼矿藏和埃尔·拉吉卷矿藏油页岩中相对较高的金属含量,主要是铜(68～115μg/g)、镍(102～167μg/g)、锌(190～649μg/g)、铬(226～431μg/g)和钒(101～268μg/g)(Hamarmeh,1998)。磷酸盐岩位于埃尔哈萨矿藏之下(图11中矿藏3)。

约旦缺乏开发油页岩所需的地表水,因此,开采油页岩就需要开采地下水。位于埃尔·拉吉卷矿藏之下的浅层水体,为阿曼和约旦中部其他城市提供淡水,但该水体太小不能满足该国开发油页岩之需。位于库尔努博组之下更深的地下1000m处的水层也许能提供油页岩开发所需的水资源,但该处及其他潜在的地下水资源尚需进一步研究。

8. 叙利亚

Puura等(1984)描述了叙利亚南部边境瓦迪·雅蒙克盆地的油页岩,该矿藏是约旦北部雅蒙克油页岩的一部分,地层是上白垩统至古近系海相石灰岩(海相油页岩),由地中海地区常见的碳酸盐岩与硅质碳酸盐陆棚沉积岩组成,其中动植物化石占到10%～15%。油页岩的矿物成分78%～96%是碳酸盐岩(大多数是方解石),还有少量的石英(1%～9%)、黏土矿物(1%～9%)和磷灰石(2%～19%),硫含量为0.7%～2.9%。费舍尔分析法页岩油产量为7%～12%。

9. 摩洛哥

摩洛哥已探明10处油页岩矿藏(图12),其中最重要的是晚白垩纪海相油页岩,这与埃及、以色列和约旦的油页岩是相同的。勘探程度最高的是铁马狄特和塔尔法亚两个矿藏,已从800m深矿藏中157口井总长34632m的岩心中分析了69000份样品。

铁马狄特矿藏位于拉巴特东南部250km地区,在地下北东向背斜内长约70km,宽4～10km(图12),其厚度在80～170m之间(图13),含水量为6%～11%,硫含量平均为2%。油页岩资源196km²面积内总储量估计为180×10⁸t,页岩油含量在20～100L/t之间。塔尔法亚矿藏位于摩洛哥最西南部,接近撒哈拉西部边境(图12),油页岩储层平均厚22m,产油等级为62L/t,2000km²面积内油页岩总资源量估计为860×10⁸t,该矿藏含水量平均为20%,硫含量平均为2%。

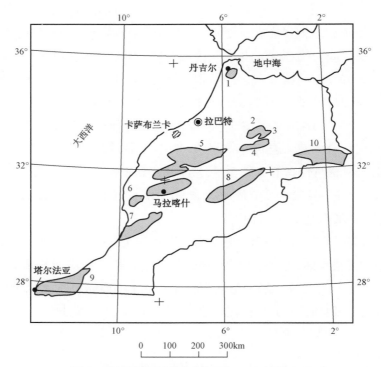

图 12　摩洛哥油页岩矿藏分布图（Bouchta，1984）

1—坦吉尔；2—铁马狄特；3—艾特·欧菲拉盆地；4—奥·穆卢耶盆地；5—巴赫拉—塔德拉盆地；
6—埃萨奎拉；7—苏斯盆地；8—瓦迪戴迪斯盆地；9—塔尔法亚；10—基尔河盆地

白垩纪海相油页岩还含有磷酸盐岩和铀矿，有口探井（具体位置不清）P_2O_5 最大含量约为 17%，U_3O_8 含量多达 150 μg/g。

20 世纪 80 年代，北美和欧洲的几家能源公司在该国进行油页岩钻探、试验性开采和加工处理，但没有产出页岩油（Bouchta，1984；国家石油勘探研究院，1983）。

10. 俄罗斯

俄罗斯已探明了 80 多个油页岩矿藏。圣彼得堡地区的库克油页岩矿藏（图 8）所开采的油页岩用作圣彼得堡附近的斯兰斯基发电厂燃料，除了圣彼得堡地区的油页岩矿藏外，开发最好的油页岩矿藏在伏尔加—佩切斯克地区，包括佩罗利博—布拉格达托夫斯克矿藏、科舍宾斯克矿藏和鲁贝申斯克矿藏。这些矿藏储层厚度在 0.8 ~ 2.6m 之间变化，但含硫量高（干岩样 4% ~ 6%）。油页岩用作两座发电厂的燃料，不过，由于 SO_2 排放量高而被关停了。截至 1995 年，塞兹兰市油页岩厂每年加工处理的油页岩不到 50000t（Kashirskii，1996）。

Russell（1990）统计的苏联 13 个油页岩矿藏资源超过 $1070 \times 10^8 t$，这些矿藏包括爱沙尼亚与圣彼得堡地区库克油页岩和爱沙尼亚网笔石油页岩。

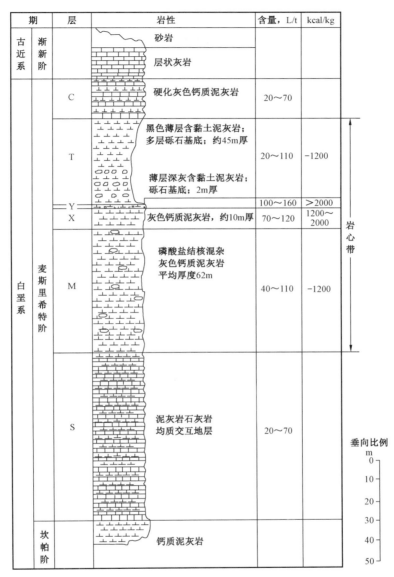

期		层	岩性	含量，L/t	kcal/kg
古近系	渐新阶		砂岩		
			层状灰岩		
		C	硬化灰色钙质泥灰岩	20～70	
白垩系	麦斯里希特阶	T	黑色薄层含黏土泥灰岩；多层砾石基底；约45m厚	20～110	-1200
			薄层深灰含黏土泥灰岩；砾石基底；2m厚		
		Y		100～160	>2000
		X	灰色钙质泥灰岩，约10m厚	70～120	1200～2000
		M	磷酸盐结核混杂灰色钙质泥灰岩 平均厚度62m	40～110	-1200
		S	泥灰岩石灰岩均质交互地层	20～70	
	坎帕阶		钙质泥灰岩		

图 13　摩洛哥埃尔库巴特向斜铁马狄特油页岩矿藏地层剖面图
（国家石油勘探研究院，1983）

11. 瑞典

　　瑞典明矾页岩矿藏是厚 20 ~ 60m、富含有机质的海相油页岩地质单元，沉积于寒武纪至早奥陶世瑞典与周边国家波罗的斯堪底区域构造稳定的地台浅海大陆架环境中。该矿藏露头局部受断层限制，分布于瑞典南部早寒武世岩层之上，构造上受到瑞典西部与挪威凯尔多奈德斯矿藏的影响，由于多期逆冲断层的作用，岩层叠置，其厚度达到 200m 甚至更厚（图14 ）。

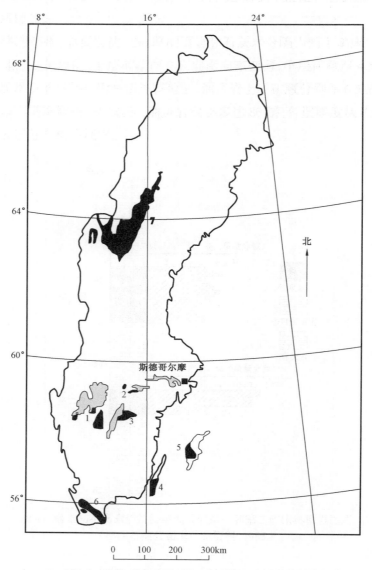

图 14　瑞典明矾页岩分布区域（Andersson,1985）
灰色区域是湖泊

1—西约特兰；2—纳尔克；3—奥斯德格特兰；4—厄兰岛；5—哥得兰岛；6—斯盖因；7—凯尔多奈德斯

黑色油页岩（部分类似于明矾页岩）分布于波罗的海的奥兰德岛和格特兰岛，并出露于爱沙尼亚北部海岸，形成了早奥陶世（特马豆克阶）的网笔石油页岩（Andersson,1985）。明矾页岩矿藏反映了浅海、近缺氧水域缓慢沉积环境，这种沉积环境几乎不受波浪和海底洋流作用的影响。

人们发现瑞典寒武纪和早奥陶世明矾页岩已有 350 多年了，该矿藏是硫酸铝钾的矿源，硫酸铝钾用于制革行业、纺织业定色并可作止血药。斯盖因地区早在 1637 年就已开采页岩生产明矾。明矾页岩同时还是化石能源,19 世纪末期,人们就尝试从中提取并炼制烃产品(Andersson,1985)。

第二次世界大战前和第二次世界大战期间,瑞典就在干馏明矾制取成品油,但到 1966 年因大量廉价原油的供应而停止了明矾制油的生产,在此期间,在西约特兰的基诺库尔和纳尔克开采了约 5000×10^4 t 页岩(图 14)。

该明矾矿藏因其金属含量高而出名,包括铀、钒、镍和钼。第二次世界大战期间,生产了少量的钒,1950—1961 年在瓦恩托普的试验厂生产了 62t 多的铀。后来,在西约特兰的兰斯塔德发现了更高品位的矿石,并建成了露头矿和处理厂,1965—1969 年年产铀约 50t。20世纪 80 年代,世界其他高品位铀矿藏的生产导致铀价下跌,以致兰斯塔德厂无利可图,1989年就关停了(Bergh,1994)。

明矾还和石灰岩一起烧制焦渣砖,这是瑞典建筑界广泛使用的一种轻质多孔建材。后来人们发现这种砖具有放射性,且氡的放射量超标,就停止生产这种砖了。不过,明矾仍然是重要的潜在资源,可用于化石与核能源、硫黄、化肥、合金以及铝制品工业。瑞典的明矾化石能源统计于表 6 中。

表 6　瑞典明矾页岩有机质含量大于 10% 化石能源资源统计表(Andersson 等,1985)

地区	页岩 10^6t	有机质含量		页岩油		气和焦炭能量 10MJ
		% (质量分数)	10^6t	% (质量分数)	10^6t	
纳尔克	1700	20	340	5	85	8800
奥斯德格特兰	12000	14	1600	3.5	400	41900
西约特兰	14000	远小于 13	1840	0～3.4	220	53300
厄兰岛	6000	12	700	2.7	170	18000
斯盖因	15000	11	1600	0	0	58600
贾母特兰 (加里东造山带)	26000	12	3200	0	0	117200
合计	74700		9280		875	297800

明矾页岩中的有机质含量从百分之几到 20% 以上,在页岩地层的上部含量最高(图15)。由于下伏地层地热史的差异,页岩油产量不同地区并不与有机质含量成比例。比如,在瑞典中西部的斯盖因(图 14)与贾母特兰地区,尽管页岩的有机质含量在 11% ～ 12% 之间,但因明矾页岩过度成熟而不产页岩油。在地热影响小的地区,费舍尔分析法页岩油产

量为 2% ～ 6%。加氢干馏可将费舍尔分析法产油量增加 300% ～ 400%（Andersson 等，1985）。

尽管品位低，但瑞典明矾页岩铀资源巨大。比如，在西约特兰的兰斯塔德地区，储层上部 3.6m 岩层铀含量达到 306μg/g，而其间零散分布的小块黑色煤炭状烃质透镜体铀含量高达 2000 ～ 5000μg/g。

兰斯塔德地区的明矾页岩面积达 490km²，储层上段厚 8 ～ 9m，估算蕴藏铀金属 170×10⁴t（Andersson 等，1985）。图 15 显示了兰斯塔德地区钻井岩心的岩性分布及其费舍尔分析法有机质和铀含量变化曲线。

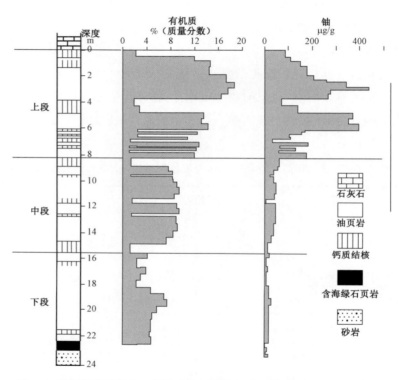

图 15　瑞典明矾页岩岩心岩性和有机质与铀含量分布（Andersson，1985）

12. 泰国

泰国古近—新近纪湖成油页岩矿藏位于来兴府美索地区和南邦府李地区，泰国矿产资源部钻探了很多取心井以勘探美索地区的矿藏，该区湖成油页岩在一些方面与美国科罗拉多州的绿河油页岩类例。靠近缅甸边境的泰国西北部美索盆地的美索油页岩面积约 53km²，估计蕴藏有 187×10⁸t 油页岩，估计可产 64×10⁸bbl 页岩油（约合 9.16×10⁸t）。该区油页岩总热值为 287 ～ 3700kcal/kg，水分含量为 1% ～ 13%，硫含量约为 1%。而南邦府李地区的矿藏可能仍是湖成油页岩,但储量小,估计有 1500×10^4t 油页岩,该矿藏每吨油页岩产油 $12 \sim 41$gal（$50 \sim 171$L/t）（Vanichseni 等,1988）。

13. 土耳其

土耳其古新世到始新世和晚中新世湖成油页岩矿藏广泛分布于该国西部的安纳托利亚中西部地区,该矿藏母岩是泥灰岩和黏土岩,有机质分布均匀,其中出现的自生沸石表明该矿藏可能是在封闭盆地高盐湖泊水域中沉积下来的。

由于只有几个矿藏做过研究,关于油页岩资源的资料匮乏。Gülec 和 Önen（1993）报告了 7 个矿藏油页岩总资源量为 52×10^8t（同时还给出了矿藏的热值变化范围）,不过,没有给出单个矿藏的油页岩资源。土耳其的油页岩资源可能很多,但在得到可信的资源量之前还需要做进一步的研究。根据已有的资料,土耳其 8 个矿藏总的页岩油地下总资源估计有 28.4×10^8t（约 20×10^8bbl）（表 7）。

表 7　土耳其油页岩矿藏资源统计表（Gülec 和 Önen,1993；Sener 等,1995）

矿藏与省份	热值 kJ/kg	平均产油量 %（质量分数）	总含硫量 %（质量分数）	油页岩资源 10^6t	页岩油资源 10^6t
巴赫切吉克（伊兹米特）	418~1875	—	—	100	5
贝帕札里（安卡拉）	3400	5.4	1.4	1058	57
布尔汉尼耶（巴勒克希尔）	0~1768	—	—	80	4
格尔帕扎勒（比莱吉克）	0~1265	—	—	356	18
格伊尼克（博卢省）	3250	4.6	0.9	2.5	115
哈提尔达格（博卢省）	3240	5.3	1.3	547	29
舍伊塔梅尔（屈塔希亚省）	3550	5	0.9	1000	50
乌卢克什拉（尼代省）	630~2790	—	—	130	6
合计				5771	284

注:缺乏平均产油量资料的矿藏,假定产油量为 5%（质量分数）。对于给出两种质量单位的矿藏,取数值较大者。

14. 美国

美国有大量的油页岩矿场,年代从晚寒武世到新近纪都有。最重要的两类矿场是科罗拉多州、怀俄明州和犹他州古近纪的绿河组层和美国东部泥盆纪—密西西比纪的黑色油页岩,与宾夕法尼亚纪煤矿相连的油页岩也分布在美国东部。其他的已知油页岩矿分布在内华达州、蒙大拿州、阿拉斯加州、堪萨斯州以及其他地方,但是这些矿藏要么规模太小、要么等级太低,或者勘探程度不高(Russell,1990),因而不能作为本报告的资源。因为其规模大、等级高,所以多数研究集中在绿河与泥盆纪—密西西比纪油页岩矿藏。

（1）绿河组油页岩。

① 地质。

在古近—新近纪早期至中期,两个大湖的绿河组湖成沉积物分布在科罗拉多州、怀俄明州和犹他州 65000km² 的几个沉积—构造盆地内(图 16),尤因塔山体隆升及其向东延伸

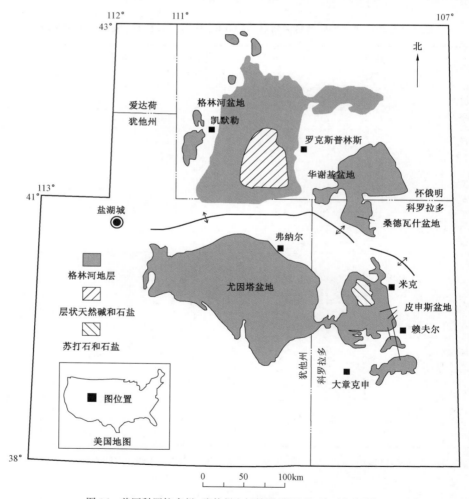

图 16　美国科罗拉多州、犹他州和怀俄明州绿河组油页岩分布图

部分(即盆地轴向背斜)分开了这些盆地,在暖温带至亚热带气候时期,绿河湖系统存在了1000多万年。

在某个地质历史时期,湖盆封闭了,其中的湖水矿化度变高了。

夹杂陆源砂岩和粉砂岩的泥灰质湖成地层证实了入湖溪流的波动造成了湖泊的大规模扩展和收缩。干旱时期,湖泊收缩,湖水含盐量与含碱量增加,可溶碳酸钠和氯化钠也增加,而可溶性差的二价碳酸(Ca+Mg+Fe)则随着富含有机物的沉积物沉积。在最干燥时期,湖水的含盐量高到能沉积形成苏打石、岩盐和天然碱地层。高盐度的沉积孔隙水可与大量的自生碳酸盐和硅酸盐矿物一起沉积形成散播性的苏打石、碳酸钠钙石和碳钠铝石晶体(Milton,1977)。

需要说明的是,矿物学方面完全缺失硫酸盐矿物。尽管流入湖泊的溪流中硫酸盐可能是主要的阴离子,但根据下述氧化还原反应,假设硫酸根离子被湖水和沉积水中的硫酸盐还原菌完全消耗了。

$$2CH_2O+SO_4^{2-} \rightarrow 2HCO_3^-+H_2S$$

需要指出的是,每消耗 1mol 硫酸盐可生成 2mol 碳酸氢盐。生成的硫化氢可以与 Fe^{2+} 反应形成硫化亚铁沉积矿物,或者以气体形式从沉积物中逃逸(Dyni,1998)。碳酸盐的其他主要来源包括分泌碳酸盐的藻类、硅酸盐矿物的水解以及入湖溪流直接带来的碳酸盐。

古近—新近纪绿河湖温暖的碱性湖水最适于大量蓝—绿藻(蓝藻细菌)生长,而蓝—绿藻被认为是油页岩中有机质的主要来源。在湖水淡化时期,湖内有各种各样的鱼、光线、双壳类动物、腹足动物以及其他动物群。湖泊外围地区拥有大量的各种各样的陆生植物、昆虫、两栖动物、乌龟、蜥蜴、蛇类、鳄类、鸟类和无数的哺乳类动物(Mckenna,1960;MacGinitie,1969;Grande,1984)。

② 开发历史。

多年来科罗拉多州、犹他州和怀俄明州绿河组油页岩资源闻名于世。20 世纪早期,人们就已确认绿河组油页岩是主要的页岩油资源(Woodraff 和 Day,1914;Winchester,1916;Gavin,1924)。这一时期,人们研究了绿河组及其他油页岩矿藏,包括蒙大拿州二叠纪的海相含磷油页岩(Bowen,1917;Condit,1919)和内华达州埃尔科镇附近古近—新近纪湖相油页岩(Winchester,1919)。

1967 年,美国内政部启动了绿河组油页岩矿藏商业化开发的大型研究项目。1973—1974 年,欧佩克发起石油禁运,导致石油价格疯涨,也促成了 20 世纪 70 年代至 80 年代早期新一轮的油页岩开发活动。1974 年,根据联邦油页岩示范租赁计划,科罗拉多州、犹他州和怀俄明州的几宗公共油页岩土地进行了竞标开发。科罗拉多州租赁了两个区块(C–a 和 C–b)给石油公司,犹他州也租赁了两个区块(U–a 和 U–b)给石油公司。

在区块 C–a 和 C–b 上建设了大型的地下采矿设施,包括竖井、房柱式采矿装置以及改进的地下干馏釜。在该时期,优尼科石油公司在皮申斯盆地南部的私人土地上建成了油页岩开采设施,包括带地面通道的房柱式采矿装置,日产 10000bbl（1460t/d）的干馏釜和提浓装置。在优尼科石油公司北面几英里之外,艾克森石油公司也在营运具有地面通道、运输道、废料堆场和储水水库与堤坝的房柱式采矿厂。

1977—1978 年,美国矿业局在皮申斯盆地北部开发了一个实验性油页岩矿藏以研究深部油页岩的开发（该矿藏还有苏打石和碳钠铝石）,该矿拥有一口井深 723m 且有几个通道的房柱式采矿井,该矿场于 20 世纪 80 年代后期关闭。

三家石油公司在犹他州的 U–a 和 U–b 区块上投资了大约 8000 万美元,在高品位的油页岩层钻了一口井深 313m 的直井,并修建了一条运料斜道和几处小型通道,其他的设施包括矿场服务大楼、水处理与下水道厂以及蓄水大坝。

吉奥凯奈迪克斯石油公司和美国能源部资助的希普瑞吉油页岩项目位于 U–a 和 U–b 区块的南部,该项目用浅层地下干馏工艺生产页岩油,共产出了几千桶页岩油。

优尼科石油公司油页岩厂是最后一个从绿河组油页岩生产页岩油的主要项目,该厂建于 1980 年,矿建、干馏釜、提浓装置及其他投资共计 6.5 亿美元。优尼科石油公司产出了 $65.7 \times 10^4 t$（约 $440 \times 10^4 bbl$）页岩油,这批油被运输到芝加哥美国政府参与资助的炼厂炼制运输用燃油和其他产品。生产运行最后几个月的平均日产页岩油量为 875t（约 5900bbl）,该厂于 1991 年关闭。

过去的几年中,壳牌石油公司利用特殊的地下开采技术进行了油页岩开发矿场试验研究,该项目的一些研究细节已公开发表,截至 2006 年的研究成果似乎有利于继续开展研究工作。

③ 油页岩资源。

科罗拉多州的绿河组油页岩矿藏比较有名,估算的资源量从 1916 年的 $200 \times 10^8 bbl$ 增加到 1961 年的 $9000 \times 10^8 bbl$,再增至 1989 年的 $1 \times 10^{12} bbl$（约合 $1470 \times 10^8 t$）（Winchester,1916；Donnell,1961；Pitman 等,1989）。皮申斯盆地的油页岩储层岩性剖面和资源概况如图 17 所示。

犹他州和怀俄明州绿河组油页岩不及科罗拉多州有名。Trudell 等（1983）计算的犹他州尤因塔盆地 $5200 km^2$ 地下调查与评价的资源量为 $2140 \times 10^8 bbl$（约 $310 \times 10^8 t$）,其中约 1/3 位于富含油页岩的莫哈格里层。Culbertson 等（1980）估算的怀俄明州西南部绿河盆地绿河组油页岩资源量为 $2440 \times 10^8 bbl$（约 $350 \times 10^8 t$）。

怀俄明州西南部华谢基盆地东部的绿河组还有一些油页岩资源。Trudell 等（1973）根据三个油页岩岩样,公报了华谢基盆地西端金尼瑞姆地区油页岩组含有从低等级到中等级的几个油页岩层段。莱尼段的两组油页岩,厚度分别为 11m 和 42m,其平均产油量为 63L/t,

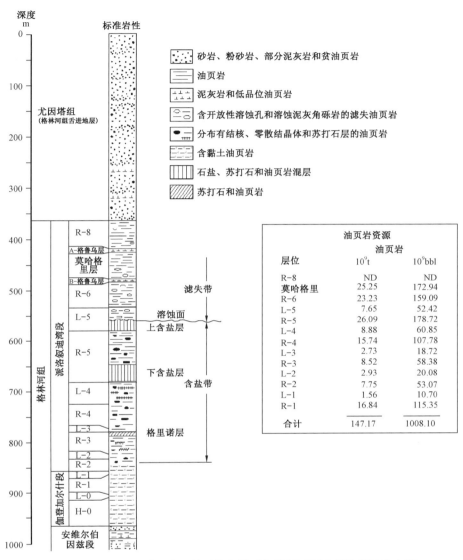

油页岩资源		
	油页岩	
层位	10^9 t	10^9 bbl
R-8	ND	ND
莫哈格里	25.25	172.94
R-6	23.23	159.09
L-5	7.65	52.42
R-5	26.09	178.72
L-4	8.88	60.85
R-4	15.74	107.78
L-3	2.73	18.72
R-3	8.52	58.38
L-2	2.93	20.08
R-2	7.75	53.07
L-1	1.56	10.70
R-1	16.84	115.35
合计	147.17	1008.10

图 17　皮申斯盆地中北部、科罗拉多州西北部绿河组及相关岩层分布图
（Cole 和 Daub，1991；Pitman 等，1989）

即每平方千米油页岩储量多达 870×10^4t。由于缺乏储层有关数据，华谢基盆地总资源量尚未见报道。

④ 其他矿产资源。

除了化石能源外，科罗拉多州绿河盆地绿河油页岩矿藏还拥有有价值的碳酸钠资源，包括苏打石（$NaHCO_3$）和碳钠铝石 [$NaAl(OH)_2CO_3$]，该盆地北部深部地层高品位油页岩中混有这两种矿物。Dyni（1974）估计总的苏打石资源有 290×10^8t，Beard 等（1974）估算的苏打石资源接近该值，但还有 170×10^8t 碳钠铝石。两种矿物都可用于制苏打粉（Na_2CO_3），碳钠铝石因其含氧化铝（Al_2O_3）还具有潜在的价值,碳钠铝石基本上是以油页岩开发的副产品形式生产出来的。有家公司在皮申斯盆地北部约 600m 深的储层用溶解苏打石的方式生产碳酸氢钠（Day,1998）。另一家公司 2004 年停止了溶解法生产苏打石,但现在利用怀俄明州天然碱矿藏的苏打粉生产碳酸氢钠。

怀俄明州西南部绿河盆地绿河组的威尔金斯皮克段不但拥有油页岩,而且还拥有世界上已知的最大的称为天然碱（$Na_2CO_3 \cdot NaHCO_3 \cdot 2H_2O$）的天然碳酸钠,估计该矿藏天然碱在厚度 1.2 ～ 9.8m 的 22 层储层中的总资源量超过 1150×10^8t（Wiig 等,1995）。1997 年,5 个矿藏的天然碱产量为 1650×10^4t（Harris,1997）。天然碱精炼出的苏打粉可用于制造玻璃瓶与平板玻璃、小苏打、清洁剂、处理废物的化学剂以及其他许多工业化学品,而 2t 天然碱才可获得 1t 苏打粉。怀俄明州的天然碱满足了美国 90% 的苏打粉需求。此外,怀俄明州产的苏打粉 1/3 用于出口。

皮申斯盆地深部绿河组油页岩中蕴藏有天然气,但能否进行经济开发仍然存疑（Cole 和 Daub,1991）。怀俄明州西南部绿河组油页岩矿藏中也有天然气,犹他州的油页岩中可能有天然气,但数量不清。科罗拉多州、怀俄明州和犹他州绿河组油页岩和其他矿产资源数据见表 8。

表 8　科罗拉多州、怀俄明州和犹他州绿河组油页岩及其他矿产统计

（Donnell,1980；Culbertson 等,1980；Trudell 等,1983；Dyni,1974,1997；Beard 等,1974；Cole 和 Daub,1991；Pitman 和 Johnson,1978；Pitman 等,1989；Wiig 等,1995）

盆地	面积 km²	联邦土地比例 %	资源	
			等级, L/t	页岩油, 10t
页岩油资源				
科罗拉多州皮申斯盆地	4600	79[①]	≥ 63	147
			≥ 104	85[②]
			≥ 125	49[②]
犹他州尤因塔盆地	约 2150	77	≥ 42	31
怀俄明州绿河盆地	约 1200	62	≥ 63	35.4
	约 475[②]		125	1.9[②]
合计	7900			213
其他矿产				
怀俄明州绿河盆地				
天然碱	约 2800	57		115
科罗拉多州皮申斯盆地				

续表

盆地	面积 km²	联邦土地比例 %	资源	
			等级, L/t	页岩油, 10t
碳钠铝石	约1300			26
苏打石	660			29
天然气	>230			130×10^9 m³

① 由于一批油页岩矿区已转移为私人财产,皮申斯盆地联邦土地中已减去了几个百分点。
② 资料已包括在该盆地总数据中。

（2）东部泥盆纪—密西西比纪油页岩。

① 沉积环境。

美国东部上泥盆统与下密西西统是幅员 72.5×10^4km² 富含有机质的黑色海相页岩和其他沉积岩(图18),此前多年为找寻天然气资源而对这些页岩进行了勘探,这些页岩也是页岩油和铀潜在的低品位资源(Roen 和 Kepferle,1993 ; Conant 和 Swanson,1961)。

多年来,地质学家们用当地的地名命名这些页岩和与之相连的岩层,比如查塔努加、新奥尔巴尼、俄亥俄、森伯里、安特里姆等。美国地质调查局已发表了一批详细描述这些美国东部岩层的层序、构造和天然气潜力的论文(Roen 和 Kepferle,1993)。

晚泥盆世与早密西西比纪时期大型陆表海沉积的黑色页岩覆盖了美国中部和东部密西西比流域的许多地区(图18),该区域包括西部逐步向东延伸至阿巴拉契亚盆地的辽阔浅层内陆地台。泥盆纪—密西西比纪基底的深度从内陆地台的地表露头到沿阿巴拉契亚盆地沉积轴的 2700 多米地层(de Witt 等,1993)。

晚泥盆纪海是洋流和波浪能最弱且相对较浅的海,很像欧洲的瑞典明矾页岩沉积环境。尽管黑色页岩中已发现了几种生物化石,如塔斯曼油页岩、葡萄藻、原槐叶萍藻等,但其中大部分的有机质是非晶形烟煤。一些地层中含有少量牙形化石和海豆芽腕足动物。尽管很多有机质是非晶型的,且不知道来源,但一般认为多数有机质来源于浮游藻类。

在泥盆纪海边缘缺少穴居生物的低氧水域,有机质与极细粒的黏土质沉积物一道非常缓慢地堆积。Conant 和 Swanson (1961)估计田纳西州内陆地台上查塔努加页岩顶部 30cm 的岩层就表示长达 15 万年的沉积时间。

从盆地东部阿巴拉契亚高地流入泥盆纪海的碎屑沉积物逐步增多,因此黑色页岩向东到阿巴拉契亚盆地逐渐变厚,该地区大量的黄铁矿和白铁矿是自生矿物,但碳酸盐矿物在总的矿物质组成中比例极低。

图 18　美国东部晚泥盆世海岸线和泥盆纪可采油页岩古地理图
（Conant 和 Swanson，1961；Matthews 等，1980）

② 资源。

油页岩资源是内陆地台中黑色页岩最多且最接近地表的部分。尽管人们知道用干馏法生产页岩油，但泥盆纪—密西西比纪黑色油页岩中的有机质仅相当于绿河储层油页岩的一半，一般认为油页岩中有机质的类型（或有机碳类型）决定有机质的含量。泥盆纪—密西西比纪油页岩中的芳香族与脂肪质有机碳之比高于绿河储层油页岩，费舍尔物质平衡分析法所得较少页岩油和更多炭渣的结果也证实了这一事实（Miknis，1990）。

加氢干馏泥盆纪—密西西比纪油页岩产出的页岩油比费舍尔实验法高出 200% 多。比较而言,绿河储层油页岩加氢干馏所得页岩油少得多,能比费舍尔实验法高出 130% ～ 140%。其他的海相油页岩加氢干馏出的油量也很多,有些比费舍尔实验法高出 300%,甚至更多(Dyni 等,1990)。

Matthews 等(1980)评价了内陆地台区域的泥盆纪—密西西比纪油页岩,这些页岩富含有机质,且靠近地表易于露天开采。人们对亚拉巴马州、伊利诺伊州、印第安纳州、肯塔基州、俄亥俄州、密歇根州、密苏里州东部、田纳西州和西弗吉尼亚州等的研究表明,油页岩靠近地表易于开采的资源分布在肯塔基州、俄亥俄州、印第安纳州和田纳西州(Matthews, 1983)。Matthews 等(1980)评价泥盆纪—密西西比纪油页岩资源的标准是:

a. 有机碳含量大于 10%(质量分数);

b. 上覆地层厚度不大于 200m;

c. 剥采比不大于 2.5 ： 1；

d. 油页岩厚度大于 3m;

e. 露天开采和加氢干馏工艺。

基于这些标准,泥盆纪—密西西比纪总页岩油资源估计有 4230×10^8bbl(610×10^8t);各州资源统计见表 9。

表 9　美国东部近地表油页岩资源统计

（ Matthews 等,1980 ）

州	面积, km^2	页岩油	
		实际测试的油页岩, t	t/ha
俄亥俄	2540	20.2	79000
肯塔基	6860	27.4	40000
田纳西	3990	6.3	15500
印第安纳	1550	5.8	37000
密歇根	410	0.7	17500
亚拉巴马	780	0.6	7500
合计	16130	61	

八、世界油页岩资源总结

表 10 按字母顺序罗列了全球一些油页岩矿藏的页岩油资源状况,部分国家的单个矿藏按州或省列于次级标题下。

表 10　世界部分油页岩矿藏页岩油资源统计

国家、地区和矿藏[①]	期[②]	页岩油资源[③] 10⁶bbl	页岩油资源[③] 10⁶t	评估 时间[④]	资料来源
阿根廷		400	57	1962 年	
亚美尼亚阿拉莫斯矿	T	305	44	1994 年	Pierce 等（1994）[⑤]
澳大利亚					
新南威尔士州	P				
昆士兰州					
阿尔法矿	P	80	1	1987 年	Matheson（1987）[⑥]
拜菲尔德矿	T	249	36	1999 年	Wright（1999，私人通信）[⑥]
康德矿	T	9700	1388	1999 年	Wright（1999，私人通信）[⑥]
迪厄灵加矿 （上层单元）	T	4,100	587	1999 年	Wright（1999，私人通信）[⑥]
赫伯特湾盆地矿	T	1530	219	1999 年	Wright（1999，私人通信）[⑥]
朱利亚克里克矿	K	1700	243	1999 年	Wright（1999，私人通信）[⑥]
娄米德矿	T	740	106	1999 年	Wright（1999，私人通信）[⑥]
库龙上矿	T	72	10	1999 年	Wright（1999，私人通信）[⑥]
纳古林盆地矿	T	3170	454	1999 年	Wright（1999，私人通信）[⑥]
伦德尔矿	T	2600	372	1999 年	Wright（1999，私人通信）[⑥]
斯图尔特	T	3000	429	1999 年	Wright（1999，私人通信）[⑥]
雅玛	T	4100	587	1999 年	Wright（1999，私人通信）[⑦]
南澳大利亚 利克里克矿	Tr	600	86	1999 年	Wright（1999，私人通信）[⑥]
塔斯马尼亚州					
默西河矿	P	48	7	1987 年	Crisp 等（1987）
奥地利					
贝洛洛斯普里皮亚特盆地矿	D	6988	1000		
巴西					
伊拉迪组	P	80000	11448	1994 年	Afonson 等（1994）
帕拉巴谷矿	T	2000	286	1969 年	Padula（1969）
保加利亚		125	18	1962 年	

续表

国家、地区和矿藏[①]	期[②]	页岩油资源[③] 10⁶bbl	页岩油资源[③] 10⁶t	评估 时间[④]	资料来源
加拿大					
曼尼托巴—萨斯喀彻温法维尔—博因组矿	K	1250	191	1981 年	Macauley （1981,1984a,1986）[⑧]
新斯科舍省					
斯泰勒顿盆地矿	P-IP	1174	168	1989 年	Smith 等（1989）[⑧]
安蒂戈尼什盆地矿		531	76	1990 年	Smith 和 Naylor（1990）
新不伦瑞克省					
阿尔伯特矿群	M	269	38	1988 年	Ball 和 Macauley（1988）
多佛矿	M	14	2	1988 年	Ball 和 Macauley（1988）
罗斯威尔矿	M	3	0.4	1988 年	Ball 和 Macauley（1988）
纽芬兰省					
鹿湖盆地矿	M	?	?	1984 年	Hyde（1984）[⑨]
努勒维特省					
斯维尔德鲁普盆地矿	M	?	?	1988 年	Davies 和 Nassichuk（1988）[⑩]
安大略省					
科灵伍德矿	O	12000	1717	1986 年	Macauley（1986）
凯特尔帕因特组矿	D	?	?	1986 年	Macauley（1986）
智利		21	3	1936 年	
中国		16000	2290	1985 年	Da 和 Nuttall（1985）[⑪]
茂名	T	-2,271	-325	1988 年	Guo-Quan（1988）
抚顺	T	-127	-18	1990 年	Johnson（1990）
刚果共和国		100000	14310	1958 年	
埃及					
萨法加—库塞尔地区	K	4500	644	1984 年	Troger（1984）
阿布塔图尔地区	K	1200	172	1984 年	Troger（1984）
爱沙尼亚					
爱沙尼亚矿	O	3900	594	1998 年	Kattai 和 Lokk（1998）[⑫]
网笔石油页岩	O	12386	1900		

续表

国家、地区和矿藏[①]	期[②]	页岩油资源[③] 10^6bbl	页岩油资源[③] 10^6t	评估时间[④]	资料来源
法国		7000	1002	1978 年	
德国		2000	286	1965 年	
匈牙利		56	8	1995 年	Papay（1998）[⑬]
伊拉克					可能非常大
雅蒙克矿	K	?	?	1999 年	See Jordan
以色列		4000	550	1982 年	Minster 和 Shirav（1988）[⑭]
意大利		10000	1431	1979 年	
西西里岛		63000	9015	1978 年	
约旦					
阿塔洛特·乌蒙·古德兰地区	K	8103	1243	1997 年	Jaber 等（1997）[⑮]
埃尔拉吉卷	K	821	126	1997 年	Jaber 等（1997）[⑮]
贾瑞夫埃德达罗威什	K	3325	510	1997 年	Jaber 等（1997）[⑮]
苏尔塔尼	K	482	74	1997 年	Jaber 等（1997）[⑮]
瓦迪·玛哈尔	K	14,009	2149	1997 年	Jaber 等（1997）[⑮]
瓦迪·萨马德	K	7432	1140	1997 年	Jaber 等（1997）[⑮]
雅蒙克	K		（大）	1999 年	Minster（1999）[⑯]
哈萨克斯坦					
肯德里克油田		2837	400	1996 年	Yefimov（1996）[⑰]
卢森堡公国	J	675	97	1993 年	Robl 等（1993）
马达加斯加岛		32	5	1974 年	
蒙古					
库特	J	294	42	2001 年	Avid 和 Purevsuren（2001）
摩洛哥					
铁马狄特	K	11236	1719	1984 年	Bouchta（1984）[⑱]
塔尔法亚	K	42145	6448	1984 年	Bouchta（1984）[⑱]
缅甸		2000	286	1924 年	

续表

国家、地区和矿藏[1]	期[2]	页岩油资源[3] 10^6bbl	页岩油资源[3] 10^6t	评估 时间[4]	资料来源
新西兰		19	3	1976 年	
波兰		48	7	1974 年	
俄罗斯					
圣彼得堡库克油页岩	O	25157	3600		
蒂莫诺佩特科斯克盆地	J	3494	500		
伏车沟达斯克盆地	J	19580	2800		
中部盆地	?	70	10		
伏尔加盆地	?	31447	4500		
图尔盖—尼哲尔基斯克矿藏	?	210	30		
奥能约克盆地	€	167715	24000		
其他矿藏	—	210	30		
南非		130	19	1937 年	
西班牙		280	40	1958 年	
瑞典					
拉克	€	594	85	1985 年	Andersson 等（1985）
东约特兰	€	2795	400	1985 年	Andersson 等（1985）
西约特兰	€	1537	220	1985 年	Andersson 等（1985）
厄兰岛	€	1188	170	1985 年	Andersson 等（1985）
泰国(岛与省)					
美索地区(塔克)	T	6400	916	1988 年	Vanichseni（1988）
里县(拉姆普恩)	T	1		1988 年	Vanichseni（1988）
土库曼斯坦与乌兹别克斯坦					
阿姆河盆地[19]	P	7687	1100		
土耳其(矿藏和省)					
巴赫切吉克矿 （伊兹密特）	T	35	5	1993 年	Gülec 和 Önen（1993）[20]

续表

国家、地区和矿藏[1]	期[2]	页岩油资源[3] 10^6bbl	页岩油资源[3] 10^6t	评估时间[4]	资料来源
贝帕札里 （安卡拉）	T	398	57	1995 年	Sener 等（1995）
布尔汉尼耶 （巴勒克埃西尔）	T	28	4	1993 年	Gülec 和 Önen（1993）
高尔帕扎里 （比莱吉克）	T	126	18	1993 年	Gülec 和 Önen（1993）
戈伊努克 （博卢省）	T	804	115	1995 年	Sener 等（1995）
哈提尔戴戈 （博卢省）	T	203	29	1995 年	Sener 等（1995）
舍伊塔莫 （屈塔希亚）	T	349	50	1995 年	Sener 等（1995）
乌鲁吉斯拉 （尼代）	T	42	6	1993 年	Gülec 和 Önen（1993）
乌克兰					
波泰士矿藏		4193	600	1988 年	Tsherepovski
英国		3500	501	1975 年	
美国					
东部泥盆纪	D	189000	27000	1980 年	Matthews 等（1980）[20]
绿河组	T	1466000	213000	1999 年	本报告
法斯发瑞尔组	P	250000	35775	1980 年	Smith（1980）
希思组	M	180000	25758	1980 年	Smith（1980）
埃尔科组	T	228	33	1983 年	Moore 等（1983）
乌兹别克斯坦					
克兹尔库姆盆地		8386	1200		
合计（取整）		2826000	409000		

①表中各国的资源数据按字母顺序排列。其中部分国家的矿藏按州或省给出。

②已知的矿藏地质年代用下述符号表示：€，寒武纪;O，奥陶纪;D，泥盆纪;M，密西西比纪;H，宾夕法尼亚纪;P，二叠纪;D，三叠纪;J，侏罗纪;K，白垩纪;T，古近一新近纪。

③表中页岩油资源量是按照美国原油桶和公吨的估算值。黑体字资源量数据摘自参考文献,而非黑体字资源量则是按照本表数据估算的。有时,括号内的资源量数值计入了某国的总资源量中。欲根据资源量体积值获得资源量质量

数据,需要找到对应的页岩油相对密度数据,在某些情况下,这个数据可在源文献中找到;若找不到的话,可假设为 0.91。

④ "估算日期"是指源文献发表日期。若某矿藏未列出参考文献,则资源数据来自 Russell 1990 年的出版物。有几个矿藏没有给出资源量数据,但仍它们列于本表中,因为人们认为这些矿藏具有相当大的储量规模。

⑤ 该资源量是基于油页岩 7 层总厚 14m 的地层、面积 22km² 以及油页岩密度 2.364g/cm³ 而估算的。

⑥ 页岩油相对密度为 0.91 是假设的。Matheson 1987 年的资源量数据根据 1999 年 3 月 29 日 Bruce Wright 博士和钱教授的个人通信讨论结果做了调整。

⑦ McFarlane 1984 年给出的雅玛矿页岩油储量为 29.2×10^8 bbl。

⑧ 假设页岩油相对密度为 0.91。

⑨ 该盆地西部大部分未勘探,可能蕴藏有油页岩矿藏。

⑩ 在斯维尔德鲁普盆地的几个地方都发现了下石炭统艾玛湾组中富含藻类的油页岩。

⑪ 中国的总油页岩资源数据摘自 Du 和 Nuttall 1985 年专著的 211 页。

⑫ 资源量估算中页岩油产率按质量分数 10% 和页岩油相对密度 0.968 取值,而 Kogerman(1997)给出的爱沙尼亚库克油页岩的产油率质量分数为 12% ~ 18%。

⑬ 假设页岩油质量产率为 8%,相对密度为 0.910。

⑭ Fainberg 和 Hetsroni(1996)估算以色列的油页岩资源为 120×10^8 t,折合页岩油 6×10^8 t。

⑮ 假设页岩油相对密度为 0.968。

⑯ 油页岩矿藏面积为几百平方千米,厚度达到 400m(Minster,1999 年书信讨论结果)。

⑰ 假设页岩油相对密度为 0.900。

⑱ 假设页岩油相对密度为 0.970。西方石油公司估算了铁马狄特矿的页岩油资源量,Bouchta 估算了塔尔法亚矿的页岩油资源量,这两个资源估算详情都在 Bouchta 的专著中(1984)。

⑲ 阿姆河盆地横跨土库曼斯坦和乌兹别克斯坦边界。

⑳ Gülec 和 Önen(1995)给出的 7 个矿藏的油页岩资源为 51.96×10^8 t,但没有提供对应的页岩油数据。Graham 等(1993)估算戈伊努克矿藏的资源为 90×10^8 t。Sener 等(1995)给出的土耳其 4 个矿藏的资源为 18.65×10^8 t。

㉑ Matthews 等(1980)基于加氢干馏分析法估算了泥盆纪的油页岩资源。为了与表中其他主要利用费舍尔化验分析法求得的资源量一致,Matthews 等(1980)估算的资源数据减少了 64%。

由于人们广泛引用石油和页岩油资源数据,表 10 中数据用美国桶表示,而页岩油还用吨表示,表中标注了多数矿藏的信息来源,多数矿藏的资源和储量数据都稀缺。

表中未说明油页岩资源的等级,但是按照费舍尔分析法,表中列出的矿藏多数能产油,每吨油页岩至少可产 40L 或更多的页岩油。

对于部分国家,表中列出了各个矿藏的页岩油资源,单个矿藏的资源量数据置于国家总资源数据后的括号内,粗体字显示的资源数据摘自文献,标准字体数据则是专门为表 10 而计算的。

资源数据的可靠性,本报告前述章节已经说明,在优秀与差之间变化。专门钻井取心的一些矿藏资料质量好,比如科罗拉多州的绿河储层油页岩、爱沙尼亚的库克油页岩矿藏,与其他矿藏相比,澳大利亚昆士兰州东部古近—新近纪的一些油页岩矿藏资料质量非常好。

澳大利亚昆士兰州的几个大型油页岩矿藏,比如吐尼布克层油页岩,品位太低,以致近期无法开发利用,但是,采矿和加工手段的进步会改变这些矿藏的开发经济性。目前已知的最大、页岩油含量最高的页岩油矿藏是美国西部的绿河组储层油页岩,仅科罗拉多州,总的资源量就已达到 1×10^{12} bbl,其中 1/4 ~ 1/3 的储量可利用现今的采矿和加工技术采出。

　　一些拥有高品质油页岩但缺少石油或煤炭的国家将继续开采油页岩，以提供运输燃料、石化产品、发电厂燃料、建筑材料以及其他产品，但是这些国家的油页岩工业面临更便宜的原油与煤炭以及空气和水污染问题的严峻挑战。

　　一些国家的油页岩生产情况如图19所示。全球油页岩的生产在1980年达到4700×10^4t的峰值，其中很大一部分是爱沙尼亚的产量，该国的油页岩主要用作几家大型发电厂的燃料。

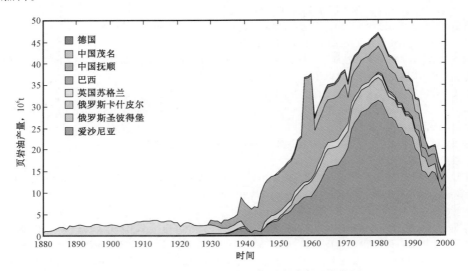

图 19　1880—2000 年部分国家页岩油产量变化图

　　表10中列出的4090×10^8t（2.9×10^{12}bbl）总资源量应该是最低值，因为大量的矿藏仍未勘探或本次研究未考虑，进一步勘探将增加亿吨计的页岩油资源量。

参 考 文 献

Afonso, J.C., and others, 1994, Hydrocarbon distribution in the Iratí shale oil: Fuel, v.73, p.363–366.

Alfredson, P.G., 1985, Review of oil shale research in Australia, in Eighteenth Oil Shale Symposium Proceedings: Golden, Colorado School of Mines Press, p.162–175.

American Society for Testing and Materials, 1966, Designation D 388–66–Specifications for classification of coals by rank: Annual Book of ASTM Standards, p.66–71.

American Society for Testing and Materials, 1984, Designation D 3904–80–Standard test method for oil from oil shale: Annual Book of ASTM Standards, p.513–525.

Andersson, Astrid, Dahlman, Bertil, Gee, D.G., and Sn?ll, Sven, 1985, The Scandinavian Alum Shales: Sveriges Geologiska Undersoekning, Serie Ca: Avhandlingar och Uppsatser I A4, NR 56, 50 p.

Avid, B., and Purevsuren, B., 2001, Chemical composition of organic matter of the Mongolian Khoot oil shale: Oil

Shale, v.18, p.15–23.

Baker, J.D., and Hook, C.O., 1979, Chinese and Estonian oil shale in Twelfth Oil Shale Symposium Proceedings: Golden, Colorado School of Mines Press, p.26–31.

Ball, F.D., and Macauley, G., 1988, The geology of New Brunswick oil shales, eastern Canada in Proceedings International Conference on Oil Shale and Shale Oil: Beijing, Chemical Industry Press, p.34–41.

Bauert, Heikki, 1994, The Baltic oil shale basin–An overview, in Proceedings 1993 Eastern Oil Shale Symposium: University of Kentucky Institute for Mining and Minerals Research, p.411–421.

Beard, T.M., Tait, D.B., and Smith, J.W., 1974, Nahcolite and dawsonite resources in the Green River Formation, Piceance Creek Basin, Colorado, in Guidebook to the Energy Resources of the Piceance Creek Basin, 25th field conference: Rocky Mountain Association of Geologists, p.101–109.

Bergh, Sigge, 1994, Uranium production in Sweden: Oil Shale, v.11, p.147–150.

Bouchta, R., 1984, Valorization studies of the Moroccon [sic] oil shales: Office Nationale de Researches et Exploitations Petrolieres B.P. 774, Agdal, Rabat, Maroc, 28 p.

Bowen, C.F., 1917, Phosphatic oil shales near Dell and Dillon, Beaverhead County, Montana: U.S. Geological Survey Bulletin 661, p.315–320.

Chilin, Zhou, 1995, General description of Fushun oil shale retorting factory in China: Oil Shale, v.13, p.7–11.

Cole, R.D., and Daub, G.J., 1991, Methane occurrences and potential resources in the lower Parachute Creek Member of Green River Formation, Piceance Creek Basin, Colorado in 24th Oil Shale Symposium Proceedings: Colorado School of Mines Quarterly, v.83, no.4, p.1–7.

Conant, L.C., and Swanson, V.E., 1961, Chattanooga Shale and related rocks of central Tennessee and nearby areas: U.S. Geological Survey Professional Paper 357, 91 p.

Condit, D.D., 1919, Oil shale in western Montana, southeastern Idaho, and adjacent parts of Wyoming and Utah: U.S. Geological Survey Bulletin 711, p.15–40.

Cook, A.C., and Sherwood, N.R., 1989, The oil shales of eastern Australia, in Proceedings 1988 Eastern Oil Shale Symposium: Institute for Mining and Minerals Research, Univ. Kentucky, p.185–196.

Crisp, P.T., Ellis, John, Hutton, A.C., Korth, Jurgen, Martin, F.A., and Saxby, J.D., 1987, Australian oil shales–A compendium of geological and chemical data: North Ryde, NSW, Australia, CSIRO Inst. Energy and Earth Sciences, Div. of Fossil Fuels, 109 p.

Culbertson, W.C., Smith, J.W., and Trudell, L.G., 1980, Oil shale resources and geology of the Green River Formation in the Green River Basin, Wyoming: U.S. Department of Energy Laramie Energy Technology Center LETC/RI–80/6, 102 p.

Davies, G.R., and Nassichuk, W.W., 1988, An Early Carboniferous (Viséan) lacustrine oil shale in Canadian Arctic Archipelago: Bulletin American Association of Petroleum Geologists, v.72, p.8–20.

Day, R.L., 1998, Solution mining of Colorado nahcolite, in Proceedings of the First International Soda Ash Conference, Rock Springs, Wyoming, June 10–12, 1997: Wyoming State Geological Survey Public Information Circular 40, p.121–130.

de Witt, Wallace, Jr., Roen, J.B., and Wallace, L.G., 1993, Stratigraphy of Devonian black shales and associated rocks in the Appalachian Basin, in Petroleum Geology of the Devonian and Mississippian black shale of eastern North America: U.S. Geological Survey Bulletin 1909, Chapter B, p.B1–B57.

Donnell, J.R., 1961, Tertiary geology and oil–shale resources of the Piceance Creek Basin between the Colorado and White Rivers, northwestern Colorado: U.S. Geological Survey Bulletin 1082–L, p.835–891.

Donnell, J.R., 1980, Western United States oil–shale resources and geology, in Synthetic Fuels from Oil Shale: Chicago, Institute of Gas Technology, p.17–19.

Du, Chengjun, and Nuttall, H.E., 1985, The history and future of China's oil shale industry, in Eighteenth Oil Shale Symposium Proceedings: Golden, Colorado School of Mines Press, p.210–215.

Dyni, J.R., 1974, Stratigraphy and nahcolite resources of the saline facies of the Green River Formation in northwest Colorado, in Guidebook to the Energy Resources of the Piceance Creek Basin, 25th field conference: Rocky Mountain Association of Geologists, p.111–122.

Dyni, J.R., 1997, Sodium carbonate resources of the Green River Formation: Wyoming State Geological Survey Information Circular 38, p.123–143.

Dyni, J.R., 1998, Prospecting for Green River–type sodium carbonate deposits, in Proceedings of the First International Soda Ash Conference, vol. II: Wyoming State Geological Survey Information Circular 40, p.37–47.

Dyni, J.R., Anders, D.E., and Rex, R.C., Jr., 1990, Comparison of hydroretorting, Fischer assay, and Rock–Eval analyses of some world oil shales, in Proceedings 1989 Eastern Oil Shale Symposium: Lexington, University of Kentucky Institute for Mining and Minerals Research, p.270–286.

Fainberg, V., and Hetsroni, G., 1996, Research and development in oil shale combustion and processing in Israel: Oil Shale, v.13, p.87–99.

Gavin, M.J., 1924, Oil shale, an historical, technical, and economic study: U.S. Bureau of Mines Bulletin 210, 201 p.

Grande, Lance, 1984, Paleontology of the Green River Formation with a review of the fish fauna [2d ed.]: Geological Survey of Wyoming Bulletin 63, 333 p.

G ü lec, K., and Onen, A., 1993, Turkish oil shales–Reserves, characterization and utilization, in Proceedings, 1992 Eastern Oil Shale Symposium, November 17–20, Lexington: University of Kentucky Institute for Mining and Minerals Research, p.12–24.

Guo–Quan, Shi, 1988, Shale oil industry in Maoming, in Proceedings International Conference on Oil Shale and Shale Oil: Beijing, Chemical Industry Press, p.670–678.

Hamarneh, Yousef, 1998, Oil shale resources development in Jordan: Amman, Natural Resources Authority,

Hashemite Kingdom of Jordan, 98 p.

Harris, R.E., 1997, Fifty years of Wyoming trona mining, in Prospect to Pipeline: Casper, Wyoming Geological Association, 48th Guidebook, p.177–182.

Hutton, A.C., 1987, Petrographic classification of oil shales: International Journal of Coal Geology, v.8, p.203–231.

Hutton, A.C., 1988, Organic petrography of oil shales: U.S. Geological Survey short course, January 25–29, Denver, Colo., 306 p., 16 p. of app. [unpublished].

Hutton, A.C., 1991, Classification, organic petrography and geochemistry of oil shale, in Proceedings 1990 Eastern Oil Shale Symposium: Lexington, University of Kentucky Institute for Mining and Minerals Research, p.163–172.

Hyde, R.S., 1984, Oil shales near Deer Lake, Newfoundland: Geological Survey of Canada Open–File Report OF 1114, 10 p.

Jaber, J.O., Probert, S.D., and Badr, O., 1997, Prospects for the exploitation of Jordanian oil shale: Oil Shale, v.14, p.565–578.

Johnson, E.A., 1990, Geology of the Fushun coalfield, Liaoning Province, People's Republic of China: International Journal Coal Geology, v.14, p.217–236.

Kalkreuth, W.D., and Macauley, George, 1987, Organic petrology and geochemical (Rock–Eval) studies on oil shales and coals from the Pictou and Antigonish areas, Nova Scotia, Canada: Canadian Petroleum Geology Bulletin, v.35, p.263–295.

Kashirskii, V., 1996, Problems of the development of Russian oil shale industry: Oil Shale, v. 13, p. 3–5. Kattai, V., and Lokk, U., 1998, Historical review of the kukersite oil shale exploration in Estonia: Oil Shale, v.15, no.2, p.102–110.

Kattai, V., Saadre, T., and Savitski, L., 2000, Eesti Polevkivi (Estonian Oil Shale): Eesti Geoloogiakeskus, 226 p., 22 plates [in Estonian with an extended English summary].

Knapman, Leonie, 1988, Joadja Creek, the shale oil town and its people 1870–1911: Sidney, Hale and Iremonger, 176 p.

Kogerman, Aili, 1996, Estonian oil shale energy, when will it come to an end?: Oil Shale, v.13, p.257–264.

Kogerman, Aili, 1997, Archaic manner of low–temperature carbonization of oil shale in wartime Germany: Oil Shale, v.14, p.625–629.

Lippmaa, E., and Maramae, E., 1999, Dictyonema Shale and uranium processing at Sillamae: Oil Shale, v.16, p.291–301.

Lippmaa, E., and Maramae, E., 2000, Uranium production from the local Dictyonema Shale in northeast Estonia: Oil Shale, v.17, p.387–394.

Lippmaa, E., and Maramae, E., 2001, Extraction of uranium from local Dictyonema Shale at Sillamae in 1948–1952: Oil Shale, v.18, p.259–271.

Loog, A., Aruvali, J., and Petersell, V., 1996, The nature of potassium in Tremadocian Dictyonema Shale（Estonia）: Oil Shale, v.13, p.341–350.

Macauley, George, 1981, Geology of the oil shale deposits of Canada: Geological Survey of Canada Open-File Report OF 754, 155 p.

Macauley, George, 1984a, Cretaceous oil shale potential of the Prairie Provinces, Canada: Geological Survey of Canada Open-File Report OF 977, 61 p.

Macauley, George, 1984b, Cretaceous oil shale potential in Saskatchewan: Saskatchewan Geological Society Special Publication 7, p.255–269.

Macauley, George, 1986, Recovery and economics of oil shale development, Canada [preprint]: Calgary, Canadian Society of Petroleum Geologists, June 1986 convention, 7 p.

Macauley, George, Ball, F.D., and Powell, T.G., 1984, A review of the Carboniferous Albert Formation oil shales, New Brunswick: Canadian Petroleum Geology Bulletin, v.32, p.27–37.

Macauley, George, Snowdon, L.R., and Ball, F.D., 1985, Geochemistry and geological factors governing exploitation of selected Canadian oil shale deposits: Geological Survey of Canada Paper 85–13, 65 p.

MacGinitie, H.D., 1969, The Eocene Green River flora of northwestern Colorado and northeastern Utah: Berkeley, University of California Press, 203 p.

Matheson, S.G., 1987, A summary of oil shale resources and exploration in Queensland during 1986–87, in Proceedings of the 4th Australian workshop on oil shale, Brisbane, Dec. 3–4: Menai, NSW, Australia, CSIRO Division of Energy Chemistry, p.3–7.

Matthews, R.D., 1983, The Devonian–Mississippian oil shale resource of the United States, in Gary, J.H., ed., Sixteenth Oil Shale Symposium Proceedings: Golden, Colorado School of Mines Press, p.14–25.

Matthews, R.D., Janka, J.C., and Dennison, J.M., 1980, Devonian oil shale of the eastern United States, a major American energy resource [preprint]: Evansville, Ind., American Association of Petroleum Geologists Meeting, Oct.1–3, 1980, 43 p.

McFarlane, 1984, Why the United States needs synfuels, in Proceedings: 1984 Eastern Oil Shale Symposium, Nov. 26–28, Lexington, University of Kentucky Institute for Mining and Minerals Research, p.1–8.

McKenna, M.C., 1960, Fossil mammalia from the early Wasatchian Four Mile fauna, Eocene of northwest Colorado: Berkeley, University of California Press, 130 p.

Miknis, F.P., 1990, Conversion characteristics of selected foreign and domestic oil shales, in Twenty-third Oil Shale Symposium Proceedings: Golden, Colorado School of Mines Press, p.100–109.

Milton, Charles, 1977, Mineralogy of the Green River Formation: The Mineralogical Record, v.8, p.368–379.

Minster, Tsevi, 1994, The role of oil shale in the Israeli Energy balance: Lexington, University of Kentucky, Center for Applied Energy Research, Energia, v.5, no.5, p.1, 4–6.

Moore, S.W., Madrid, H.B., and Server, G.T., Jr., 1983, Results of oil-shale investigations on northeastern Nevada: U.S. Geological Survey Open-File Report 83-586, 56 p., 3 app.

Noon, T.A., 1984, Oil shale resources in Queensland, in Proceedings of the second Australian workshop on oil shale: Sutherland, NSW, Australia, CSIRO Division of Energy Chemistry, p.3-8.

Office National de Recherches et D'exploitation Petrolieres, [1983?], Ressources potentielles du Maroc en schistes bitumineux: B.P. 744, Agdal, Rabat, Maroc, 9 p., 1 map.

Opik, I., 1998, Future of the Estonian oil shale energy sector: Oil Shale, v.15, no.3, p.295-301.

Ozimic, Stanley, and Saxby, J.D., 1983, Oil shale methodology, an examination of the Toolebuc Formation and the laterally contiguous time equivalent units, Eromanga and Carpenteria Basins [in eastern Queensland and adjacent states], NERDDC Project 78/2616: Australian Bureau of Min eral Resources and CSIRO [variously paged].

Padula, V.T., 1969, Oil shale of Permian Iratí Formation, Brazil: Bulletin American Association Petroleum Geologists, v.53, p.591-602.

PAMA, Ltd., [2000?], Energy from oil shale in Israel [undated brochure]. Papay, L., 1998, Varieties of sulphur in the alginite sequence of K?ssen facies from the borehole Rezi Rzt-1 W-Hungary: Oil Shale, v.15, p.221-223.

Pierce, B.S., Warwick, P.D., and Landis, E.R., 1994, Assessment of the solid fuel resource potential of Armenia: U.S. Geological Survey Open-File Report 94-179, 59 p.

Pitman, J.K., and Johnson, R.C., 1978, Isopach, structure contour, and resource maps of the Mahogany oil-shale zone, Green River Formation, Piceance Creek Basin, Colorado: U.S. Geological Survey Map MF-958, 2 sheets.

Pitman, J.K., Pierce, F.W., and Grundy, W.D., 1989, Thickness, oil-yield, and kriged resource estimates for the Eocene Green River Formation, Piceance Creek Basin, Colorado: U.S. Geological Survey Oil and Gas Investigations Chart OC-132, 6 sheets with 4-page text.

Puura, V., Martins, A., Baalbaki, K., and Al-Khatib, K., 1984, Occurrence of oil shales in the south of Syrian Arab Republic (SAR): Oil Shale, v.1, p.333-340 [in Russian with English summary].

Reinsalu, E., 1998a, Is Estonian oil shale beneficial in the future: Oil Shale, v.15, no.2, p.97-101.

Reinsalu, E., 1998b, Criteria and size of Estonian oil shale reserves: Oil Shale, v.15, no.2, p.111-133.

Robl, T.L., Hutton, A.C., and Dixon, Derek, 1993, The organic petrology and geochemistry of the Toarcian oil shale of Luxembourg in Proceedings 1992 Eastern Oil Shale Symposium: Lexington, University of Kentucky Institute for Mining and Minerals Research, p.300-312.

Roen, J.B., and Kepferle, R.C., eds., 1993, Petroleum geology of the Devonian and Mississippian black shale of eastern North America: U.S. Geological Survey Bulletin 1909, Chapters A through N [variously paged].

Russell, P.L., 1990, Oil shales of the world, their origin, occurrence and exploitation: New York, Pergamon Press, 753 p.

Schora, F.C., Janka, J.C., Lynch, P.A., and Feldkirchner, Harlan, 1983, Progress in the commercialization of the Hytort Process, in Proceedings 1982 Eastern Oil Shale Symposium: Lexington, University of Kentucky, Institute for Mining and Minerals Research, p.183–190.

Sener, Mehmet, Senguler, I., Kok, M.V., 1995, Geological considerations for the economic evaluation of oil shale deposits in Turkey: Fuel, v.74, p.999–1003.

Sherwood, N.R., and Cook, A.C., 1983, Petrology of organic matter in the Toolebuc Formation oil shales, in Proceedings of the First Australian Workshop on Oil Shale, Lucas Heights, 18–19 May, 1983: Sutherland, NSW, Australia, CSIRO Division of Energy Chemistry, p.35–38.

Smith, J.W., 1980, Oil shale resources of the United States: Golden, Colorado School of Mines, Mineral and Energy Resources, v.23, no.6, 30 p.

Smith, W.D., and Naylor, R.D., 1990, Oil shale resources of Nova Scotia: Nova Scotia Department of Mines and Energy Economic Geology Series 90-3, 274p.

Smith, W.D., Naylor, R.D., and Kalkreuth, W.D., 1989, Oil shales of the Stellarton Basin, Nova Scotia, Canada–Stratigraphy, depositional environment, composition and potential uses, in Twenty–second Oil Shale Symposium Proceedings: Golden, Colorado School of Mines Press, p.20–30.

Stach, E., Taylor, G.H., Mackowsky, M.–Th., Chandra, D., Teichmüller, M., and Teichmüller, R., 1975, Stach's textbook of coal petrology: Berlin, Gebrüder Borntraeger, 428 p.

Stanfield, K.E., and Frost, I.C., 1949, Method of assaying oil shale by a modified Fischer retort: U.S. Bureau of Mines Report of Investigations 4477, 13 p.

Troger, Uwe, 1984, The oil shale potential of Egypt: Berliner Geowiss, Abh, v.50, p.375–380.

Trudell, L.G., Roehler, H.W., and Smith, J.W., 1973, Geology of Eocene rocks and oil yields of Green River oil shales on part of Kinney Rim, Washakie Basin, Wyoming: U.S. Bureau of Mines Report of Investigations 7775, 151 p.

Trudell, L.G., Smith, J.W., Beard, T.N., and Mason, G.M., 1983, Primary oil–shale resources of the Green River Formation in the eastern Uinta Basin, Utah: Department of Energy Laramie Energy Technology Center, DOE/LC/RI–82–4, 58 p.

Vanichseni, S., Silapabunleng, K., Chongvisal, V., and Prasertdham, P., 1988, Fluidized bed combustion of Thai oil shale, in Proceedings International Conference on Oil Shale and Shale Oil: Beijing, Chemical Industry Press, p.514–526.

Wiig, S.V., Grundy, W.D., and Dyni, J.R., 1995, Trona resources in the Green River Formation, southwest Wyoming: U.S. Geological Survey Open–File Report 95–476, 88 p.

Winchester, D.E., 1916, Oil shale in northwestern Colorado and adjacent areas: U.S. Geological Survey Bulletin 641–F, p.139–198.

Winchester, D.E., 1923, Oil shale of the Rocky Mountain region: U.S. Geological Survey Bulletin 729, 204 p.

Woodruff, E.G., and Day, D.T., 1914, Oil shales of northwestern Colorado and northeastern Utah: U.S. Geological Survey Bulletin 581, p.1–21.

Yefimov, V., 1996, Creation of an oil shale industry in Kazakhstan may become a reality: Oil Shale, v.13, p.247–248.

Yefimov, V., Doilov, S., and Pulemyotov, I., 1997, Some common traits of thermal destruction of oil shale from various deposits of the world: Oil Shale, v.14, p.599–604.

安东尼·安德鲁斯的报告
——油页岩：历史、机遇与政策 [1]

（工业工程与基础设施政策资源、科学和工业处）

摘　要

美国西部的科罗拉多州、犹他州和怀俄明州油页岩分布广泛,估计这些油页岩的资源潜力相当于 1.8×10^{12} bbl 原油储量。油页岩干馏会产出液态的馏分油,如航空油和柴油。不过,由于油页岩尚未证明具有经济开采价值,仍然被认为是潜在资源而不是储量,仍需证明在目前开采条件下能否采出具有经济效益的油量。与之相较,据报道,沙特阿拉伯拥有 2670×10^{8} bbl 探明的常规石油地质储量。

联邦政府对油页岩的关注可追溯到 20 世纪初期,当时海军的石油和油页岩资源是单独预留的。第二次世界大战期间,出于对石油供应安全的考虑,海洋局的一个项目开始研究如何开采这些资源。20 世纪 60 年代,人们开始关注油页岩的商业化开采;70 年代发生的第二次石油禁运,促使国会建立了一个合成燃料项目以推动油页岩和其他非常规资源的大规模商业化开发,这个联邦项目是个短命项目;而 80 年代初期的原油价格下跌使支持油页岩商业化开发的项目也停止了。

目前的高油价重新唤起了人们对油页岩的兴趣。2005 年的《能源政策法案》把油页岩确定为国内重要的战略资源,应与其他资源一起进行开发。《能源政策法案》还指导内政部编制了单独的战略,为了国家的利益,使用油页岩满足国防部的需求。开发非常规资源,比如油页岩,可以减少对外国石油的依赖并保障国家的能源安全。

反对联邦政府补贴油页岩的人认为:原油的价格和需求足以刺激油页岩的开发。从长远看,未来几十年石油需求增长和石油产量峰值的预测也支持价格与供应刺激的观点。

油页岩开发失利与长期的低油价有关,因为常规原油开发的风险要低得多,重启油页岩商业化开发的支持者也要估量其他因素对油页岩开发的影响。炼厂利润主要受轻便乘用车的汽油驱动,而油页岩产出的馏分油不是生产汽油的理想原料,不鼓励馏分油更广泛地充当运输业用油的政策间接地阻碍了油页岩的开发。由于最大的油页岩资源位于联邦政府的土

---

[1]　本报告根据 2006 年 4 月 13 日国会研究服务处报告 RL33359 编辑、节选和扩编而成。

地上,因此联邦政府在油页岩资源的开发中拥有直接利益并应发挥直接作用。

本报告会随油页岩的开发进程而更新。

一、简介

人们预测石油产量峰值将在未来几十年出现,全球石油需求仍会增长,这凸显了美国对进口原油的依赖。"丽塔"飓风之后,原油价格上涨和墨西哥湾部分炼厂临时停产加剧了这种依赖性。美国的原油进口量占到国内需求的 65%,这个数值还要上涨,因此提高能源独立性的支持者把国内资源量大但尚未开发的油页岩看作前景光明的可替代能源[1]。

美国的油页岩分布广泛,这种岩石中的干酪根是其蕴藏石油的地质前兆。勘探前景最好的油页岩资源埋藏于科罗拉多州西北部、犹他州东北部和怀俄明州西南部 16000acre 的绿河储层中(图 1)。联邦政府拥有绿河储层地表大约 72% 的土地[2],该储层估计储藏有 8×10^{12}bbl 页岩油储量,不过,大部分储层很薄、很深而且产油量很低,用老技术无法经济地开发。前技术评估处 1980 年对每吨产油 15gal、层厚不低于 15ft 的地区进行测算,估计可微利开采 1.8×10^{12}bbl 页岩油[3]。最近的分析表明,每吨产油高于 10gal 的部分油页岩储层估计蕴藏有 1.5×10^{12}bbl 页岩油[4]。由于油页岩尚未证实可进行经济开发,被认为是潜在的资源而不是储量[5]。相比较而言,美

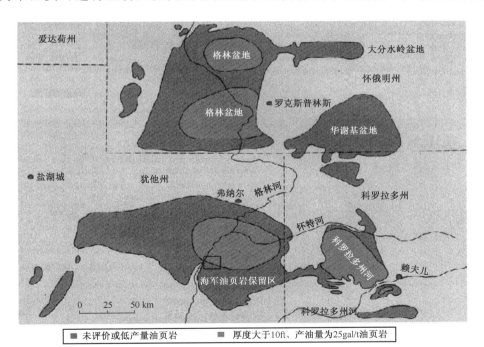

图 1　科罗拉多州、犹他州和怀俄明州境内绿河储层油页岩分布

(资料来源:美国地质调查局 523 号通报(1965),2005 年 3 月 14 日能源部在美国油页岩资源战略意义报告中再次引用了该资料)

国的常规石油探明储量不到 220×10^8bbl,而沙特阿拉伯的常规石油探明储量据说有 2670×10^8bbl[6]。

20 世纪初期,联邦土地上为海军的石油供应预留了三块油页岩储量区。海军油页岩储量区块 1（36406acre）和区块 3（20171acre）位于科罗拉多州加菲尔德县弗纳尔市西 8mile 处,而位于犹他州卡本县和怀俄明州尤因塔县的区块 2（88890acre）已转让给了尤特印第安人部落。海军油页岩储量区块 1 估计蕴藏有 180×10^8bbl 以上页岩油储量[7],在每吨产油量高于 30gal 或更多的油页岩储层中可采出多达 250×10^8bbl 的页岩油;海军油页岩储量区块 3 估计没有商业价值。

油页岩生产面临特殊的技术和环境挑战。油页岩里烃资源很丰富,但不能像原油那样自由流动。在早期的油页岩试生产中,人们运用常规的地下和露天开采方法与高温干馏工艺相结合的方式开采类似石油的馏分油,这不仅需要消耗大量的水,某些处理工艺还牵涉地下水污染的问题。与常规的原油生产不同,常规原油用船或管道输送到炼厂与配销中心,而油页岩需要资源开采、处理和提炼等环节纵向结合才能获得最终成品以供调配与配销。近年来,人们对油页岩开发的兴趣已转向运用油田生产方法克服过去油页岩开采中遇到的挑战。不同于常规原油,油页岩馏分油不适于生产汽油,它适合生产馏分油为主的燃料,比如柴油和航空油。与常规原油开采的基本经济指标相比,开采油页岩的成本仍然不确定。

二、油页岩地质与生产技术

1. 干酪根

有机质在地质上转化为石油的第一个阶段是变为中间过渡组分干酪根,在这一称为岩化作用的低温转换过程中释放有机结合的氧、氮和硫[8],而最后转变为石油是在干酪根长期处于 122 ～ 392°F 范围的后生作用过程中实现的,这一温度区间一般对应埋深 4000 ～ 9800ft 的地层,页岩与干酪根混合的催化作用有助于有机质向石油转化。石油大量生成的门槛温度是 149°F,相当于埋深 4500ft 或更深的地层。温度高于 392°F 时表示变质转化阶段结束,即最终转化为甲烷气和石墨(纯碳)。

由于油页岩埋藏相对较浅,岩化作用阶段后油页岩的热成熟度低,此时油页岩具有一定的热成熟度,但还不足以完全将干酪根转化为石油烃。科罗拉多州绿河储层的油页岩成熟度高,已形成了分布广泛的杂环(环状)烃,其正烷烃和异链烷烃(天然汽油中的烃分布)含量高达 10%[9]。相比而言,常规原油中天然汽油含量多达 40%。干酪根中氢和碳比值(1.6)的大小是生成高品质燃料的重要指标。不过,含氮量为 1% ～ 3% 的干酪根不能生成稳定的燃料(一般石油含氮量小于 0.5%),而且燃烧过程中还会产生污染环境的氮氧化物[10]。为了评价干酪根生成烃类燃料的潜力,下面将对比分析常规原油炼制过程、合成燃料生产和油页岩干馏工艺。

2. 常规炼油方法

由于各组分沸点不同,在对原油做进一步处理之前,常规炼厂先蒸馏出原油中的各种组分[11]。按照沸点与密度递增顺序,蒸馏出的组分分别是燃料气、轻与重直馏挥发油(90 ~ 380°F)、煤油(380 ~ 520°F)、粗柴油(520 ~ 1050°F)以及残渣(1050°F 以上)。汽油的碳数在 C_5—C_{10} 之间,馏分燃料(煤油、航空油和柴油)的碳数在 C_{11}—C_{18} 之间。原油可能含有 10% ~ 40% 的汽油,早期的炼厂直接蒸馏低辛烷值的直馏汽油(挥发油)[12]。根据炼厂的配置、需处理的原油量和市场对产品的季节需求,一家理想的炼厂能将一桶原油裂解成 2/3 的汽油和 1/3 的馏分燃料(煤油、航空油和柴油)[13]。

正如天然黏土催化剂在后生作用中有助干酪根向石油转化一样,现代炼制工艺中分子催化有助于复杂烃转化为轻分子链产品,第二次世界大战时期开发的催化—裂解工艺使炼厂能够为战争生产高辛烷值的汽油。1958 年进入商业运行的烃裂解方法,通过加氢的方式改进了催化—裂解工艺,从而能将炼油残渣转换为高品质的车用汽油和石脑油基的航空燃料。美国的炼厂主要靠加氢工艺将低值的柴油炼制成市场需求的高值运输燃料。中间馏分燃料(柴油和航空油)可与炼厂的各种中间液料混合[14],为了混合航空油,炼厂一般用脱硫的直馏煤油(加氢裂化装置产出的煤油沸点范围的烃)和轻型炼焦器产的粗柴油(裂解的残渣)。柴油燃料可与石脑油、煤油以及从炼焦器和流化床催化裂解装置产出的轻质裂解油混合。通过加氢催化反应,美国的炼厂可从标准的 42gal 桶原油中实际产出 44gal 多的炼制产品[15]。

从简单的原油蒸馏装置,一家典型的美国炼厂可发展为拥有 10 ~ 15 种处理工艺的复杂炼厂[16]。衡量炼厂复杂程度的纳尔逊综合指数设计了评价各种处理装置的指标,用以比较炼厂原油蒸馏装置的处理能力。美国炼厂的综合指标名列前茅,平均得分 9.5 分,而欧洲炼厂的平均得分是 6.5 分。综合指标的差值表明,美国炼厂的催化裂化工艺可提高加工能力 2 倍以上,而炼厂技改可提高加工能力 1.5 倍以上[17]。尽管美国炼厂优化了炼厂工艺以生产新配方汽油,但欧洲炼厂则为满足中间馏分柴油燃料的更大需求,生产了更多的这类燃料。

3. 合成燃料生产

合成燃料技术是第一次世界大战前德国为解决其稀缺的石油资源而开发的。早期,弗里德里希·贝吉乌斯(Friedrich Bergius)提出的工艺是利用催化剂促进氢与煤液化油反应,从而生产出低质量的汽油。20 世纪 60 年代,内政部的煤炭研究室资助研究了直接将东部地区的煤炭液化为替代天然气和石油的产品（人工液体燃料）[18]。

德国科学家费舍尔和特罗普施提出了具有竞争性的工艺，即用低温催化剂促进氢与煤气反应，从而生产出汽油。后来，南非的萨索尔石油公司进一步发展了这项技术。现代的气变液技术是基于费舍尔—特罗普施工艺将天然气变为液体燃料。

从本质上讲，贝吉乌斯和费舍尔—特罗普施两种人工合成燃料的工艺都是将小分子烃构建成更长链的烃，这个过程与烃裂解刚好相反。烃裂解是用氢和催化剂将重烃链和环裂解为更轻的烃分子。

4. 油页岩干馏

产自油页岩的油一般称为合成原油，因此与合成燃料的生产密切相关。不过，油页岩的干馏工艺与常规的原油炼制更相似，而与合成油工艺差异较大。本报告中，油页岩干馏指干馏油页岩生成中间馏分烃的工艺。早期开发了两种基本干馏工艺——地面干馏工艺和地下干馏工艺（即储层干馏）。干馏釜一般为大直径的柱形容器，早期的干馏釜借鉴了水泥生产中的旋转式窑炉工艺。地下干馏工艺则是将储层处理成干馏釜后在釜容器内部进行开采，20 世纪 60 年代至 80 年代，人们测试了几种概念模型。

干馏实质上是在缺氧条件下分解蒸馏（热解）油页岩。热解（在 900°F 以上）是在高温下将干酪根裂解为长链的烃，然后再将长链烃裂解为轻质的短链烃分子。常规炼厂使用类似于热裂解的焦化工艺裂解高分子的原油残渣。

技术评估处编辑整理了各种干馏工艺油页岩馏分的物理性质（表 1）。通常油页岩馏分中高沸点化合物的浓度很高，这有利于产出中间馏分油（柴油和航空油）而不是挥发油[19]。油页岩馏分油中的烯烃、氧和氮含量也比原油中的高得多，其流点和黏度也高得多，地面干馏工艺产出油的 API 重度一般比地下工艺的油（产出油的最高值是 25°API）更低[20]。类似于氢化裂解的其他工艺，要求将油页岩馏分油转化为更轻的烃（汽油），但是脱硫与脱氮要求加氢精制。

比较而言，典型的 25°API 原油可由含量高达 50% 的汽油和中间馏分油组成。西得克萨斯中间原油（一种原油期货交易市场中的标准原油）含硫 0.3%，而阿拉斯加北坡油田原油含硫 1.1%[21]。纽约商品交易所规章要求无硫轻质原油中硫含量是 0.42% 或更低（ASTM D-4294），并且 API 重度在 37 ~ 42°API 之间（ASTM D-287）[22]。

油页岩馏分油被认为是替代原油的合成油，不过，页岩油的替代性可能局限于现代炼制工艺。因为油页岩中的干酪根仅是石油组分中的显示成分，而缺少炼厂最大化汽油产量所需的全系烃成分；同时，由于技术限制，只有中间馏分油（煤油、航空油和柴油）能被采出。

表 1 油页岩馏分油性质与标准原油性质比较

项目	API 重度, °API	硫含量, %
OTA 报告的油页岩馏分油性质①	19.4～28.4	0.59～0.92
壳牌 ICP 油页岩馏分油②	34	0.8
石油技术公司油页岩馏分油③	30	未报告
西得克萨斯中间原油④	40	0.3
NYMEX 可交付等级无硫原油规范⑤	37～42	<0.42
阿拉斯加北坡油田原油	29～29.5	1.1

① 技术评估处《油页岩技术评价》,表 19,1980 年。
②《华盛顿能源周刊》,"壳牌石油公司成功试验新的油页岩地下开发先导技术",2005 年 10 月 12 日。
③ 杰克·萨维奇在能源与矿产资源分委会上的证词,2005 年 6 月 23 日。
④ 普莱特的原油规范指南,1999 年。
⑤ 纽约商品交易所《交易规则手册》和《轻质无硫原油期货交易合同》。

油页岩开发的地下和地面干馏工艺都受到技术和环境问题的困扰,除了控制储层燃烧问题外,地下干馏工艺还有污染地下水的缺点,而地面干馏则需要先在储层或露天矿中将油页岩采掘出来。尽管两种采掘方法都很有效,但干馏后的油页岩处置又是个难题,更别说露天采掘中首先需要挖开油页岩的上覆岩层。地面干馏还面临油页岩黏结的常见问题,而这种问题常导致项目下马,不过近期出现了一些专门解决这类问题的办法。

(1)壳牌储层转换工艺。

过去的 5 年中,壳牌勘探与生产公司一直在科罗拉多州里奥布兰科县派洛叙迪镇的柯西佐尔·布拉夫斯地块的 20000acre 土地上进行直接生产油页岩馏分油的研究[23]。与此前的储层干馏工艺不同的是,壳牌储层转换工艺是钻 2000ft 深的孔,然后插入电阻加热器,在几个月的时间内将油页岩加热至 650～700°F。这种储层转换工艺将干酪根转化为天然气和类似石油的液体,该工艺不仅要消耗大量的能量运行加热器,同时还要冷凝生产层段外围的储层以防止地层水流入生产区。壳牌石油公司报告采出了 34°API 的产品,该产品有气体(丙烷和丁烷)和液体,液体中含 30% 挥发油、30% 航空油、30% 柴油以及 10% 的较重油品,硫含量为 0.8%(质量分数)。

(2)石油技术公司地面干馏工艺。

石油技术公司开发了一种新的地面干馏工艺,其报告称该工艺每吨油页岩每小时可产出 1bbl 页岩油[24]。产出的页岩油是低硫的 30°API 产品,含 10% 挥发油、40% 煤油、40% 柴油以及 10% 的较重油品。从以前停顿的干馏厂起步,石油技术公司打算使用以前开采出来的库存油页岩。

三、油页岩开发历史

油页岩最初被当作原油的储备储量以应对短期或紧急情况时的海军舰船用油,由于最大的油页岩资源分布在联邦土地上,因此历史上联邦政府有直接利益,因而鼓励开发这种资源。根据 1910 年的《皮克特法案》,加利福尼亚州和怀俄明州潜在的含油土地首先预留给海军,作为海军的燃料资源。后来,以总统命令的方式在科罗拉多州划拨了海军油页岩储量区块 1 和区块 3,而在犹他州划拨了区块 2。

1. 早期合成液体燃料工作

第二次世界大战期间,国会对保存和增加国家油料资源的关注促成 1944 年的《合成液体燃料法案》(《美国法典》第 30 卷 321 ~ 325 节)通过,该法案拨款给内政部矿业局建设和营运示范厂,用以处理油页岩和其他资源原料生产合成液体燃料。

朝鲜战争期间,国会于 1950 年通过了《国防生产法案》(第 64 卷 798 页第 932 章),该法案开发并维护美国主导的一切必要的军队和经济力量以支持联合行动。《国防生产法案》第 3 卷大纲授权政府为了国防之需可以征用财产、扩大生产能力,还授予了政府其他权限。1949—1955 年,美国矿业局收到了 1800 万美元投资用于运行科罗拉多州境内安维尔·帕英池市海军油页岩储量区块 1 内的地面燃气干馏釜。

在很长一段时间内美国明显依赖进口原油,因此油页岩引起了一些大石油公司的兴趣,比如,艾克森石油公司、西方石油公司和联合石油公司等。1961 年,联合石油公司就开始在科罗拉多州的派洛叙迪湾试验 "联合 A" 干馏工艺。尽管每天能生产 800bbl 油,但由于成本太高,在运行 18 个月后,联合石油公司停止了生产。1964 年,油页岩公司(托斯科公司)、俄亥俄标准石油公司和克利夫兰·克利夫斯矿业公司共同组建了集团公司来运作卡雷利的油页岩矿,尽管生产了 27×10^4 bbl 油,但 1972 年托斯科公司也停止了页岩油生产。1972 年,西方石油公司又在科罗拉多州的赖夫儿附近进行油页岩干馏试验,最后评价了 6 次干馏结果。

2. 国防部油页岩项目

早在 1951 年,国防部就对油页岩制高品质航空燃料替代能源产生了兴趣[25]。20 世纪 70 年代早期,美国海军和海军石油与油页岩储量处进行了大规模的油页岩军用燃料适应性评价,并与托斯科公司签约生产、处理 1×10^4 bbl 油页岩馏分油。1972 年,开发工程有限公司租赁了联邦政府的安维尔·帕英池市地块(海军油页岩储量区块 3),并于 1973 年组建了帕罗侯开发公司(与其他 17 家能源公司共同组建的联营体)。帕罗侯开发公司的 5 年规划项目包括建成两座中试干馏塔,并生产出海军测试用油页岩馏分油。帕罗侯开发公司最初生产了 1×10^4 bbl 油页岩馏分油,位于科罗拉多州弗鲁塔市托斯科公司的盖瑞西炼厂将其加工成了汽油、JP-4 和 JP-5 战斗机用航空油、海军用舰船柴油以及重燃料油。尽管产出的燃料不合格,但分析表明:优化炼制工艺后可以生产出合格的燃料。帕罗侯开发公司续签了生产 10×10^4 bbl 油页岩馏分油的合同,并拟在托斯科公司的托莱多炼厂将其加工成合格的燃料,海军在军用和商用装备上对这些燃料进行了广泛的测试。

20 世纪 70 年代后期,美国空军对评价油页岩生产 JP-4 战斗机用航空油的实用性产生了兴趣。根据里韦特油页岩项目,空军与亚什兰研究与开发、尚德有限公司和环球油品公司签约研究油页岩开发技术以生产油页岩制 JP-4 战斗机用航空油。1982 年,犹他州的伍兹克洛斯卡里布四角区炼厂加工处理了吉奥凯奈克斯公司生产的油页岩馏分油,产出了超过 1×10^4 gal 的 JP-4 战斗机用航空油。应用西方石油公司、帕罗侯开发公司和联合石油公司研发的油页岩干馏技术也产出了 JP-4 战斗机用航空油。优尼科石油公司(联合石油公司前身)根据里韦特油页岩项目,在 1985—1990 年为空军评价页岩油,运营着派洛叙迪湾油页岩厂,据传其间生产了 460×10^4 bbl 油页岩馏分油[26]。20 世纪 90 年代初期,由于空军偏爱煤油版的 JP-8 战斗机,就逐步淘汰了 JP-4 战斗机。

3. 能源部合成燃料项目

能源部通过合成油项目鼓励大规模开发油页岩。能源部最初在科罗拉多州里奥布兰科县的皮申斯盆地推出了两块标准的租赁区(海军油页岩储量区块 C-a 和 C-b)[27]。后来,阿莫科石油公司在区块 C-a 上用地下干馏工艺产出了 1900bbl 油,而西方石油公司在 C-b 区块上也计划生产页岩油。

内政部《拨款法案》(公法 96-126 号)和 1980 年的《补充拨款法案》(公法 96-304 号)给财政部的能源安全储备基金拨款 175.22 亿美元,其中的 21.16 亿美元由能源部用于三个合成燃料项目。根据国防生产法案批准了两个项目,即科罗拉多州加菲尔德县派洛叙迪湾联合石油公司的项目和同样在加菲尔德县的艾克森—托斯科克罗雷油页岩项目。联合石油公司的派洛叙迪湾油页岩项目得到了 4 亿美元的价格担保,而艾克森—托斯科克罗雷油页岩项目得到了 11.5 亿美元的贷款担保(托斯科公司必须拥有 40% 的份额)[28]。联合石油公司要以 42.50 美元 /bbl 的价格生产 10400bbl 页岩油,若考虑通货膨胀影响,则相当于 1985 年 3 月 1 日的 51.20 美元 /bbl。

为了鼓励开发油页岩及其他合格的替代燃料,国会还根据 1980 年的《原油暴利税法案》(公法 96-223 号)提出了每桶油给 3 美元的生产税收优惠刺激措施。当原油下跌到 23.50 美元 /bbl(1979 年的美元)以下时,该税收优惠措施将完全生效,而当价格升至 29.50 美元 /bbl 以上时则逐步取消。

托斯科公司分别于 1979 年和 1980 年将克罗雷油页岩项目的股份出售给了艾克森石油公司。艾克森石油公司计划投资 50 亿美元用托斯科公司的干馏设计方案建设一座日产

4.7×10^4bbl 页岩油的工厂,在花费 10 多亿美元后,艾克森石油公司于 1982 年 5 月 2 日宣布停止该项目并解雇了 2200 名工人。

4. 美国合成燃料公司

1985 年的《能源安全法案》(公法 96-294 号,第 I 卷,B 部分)建立了合成燃料公司,该公司为从煤炭、油页岩、沥青砂和重油中生产合成燃料的优质项目提供财政支持,其贷款承诺是从能源安全储备基金中支出。12346 号行政命令(合成燃料)后来将能源部早期的合成燃料项目有序地过渡到了合成燃料公司。

1981—1984 年,合成燃料公司在三轮意见征集活动中共收到了 34 份油页岩项目建议书,但仅公布了其中的 3 份意向性建议书。联合石油公司派洛叙迪湾二期日产 8×10^4bbl 页岩油的工厂得到了 27 亿美元的资金承付和 60 美元 /bbl 的担保,后来该价格升至 67 美元 /bbl;而另外一笔 5 亿美元的价格和贷款担保则于 1985 年 10 月增加到了一期项目中。根据联合石油公司的设计方案,柯西佐尔·布拉夫斯日产 14300bbl 油的工厂得到了 21.9 亿美元的贷款担保和 60 美元 /bbl 的担保,希普·瑞吉日产 1000bbl 油的工厂得到了 4500 万美元的价格和贷款担保。国会根据 1984 年的《赤字削减法案》(公法 98-369 号)取消了原先拨付给能源安全储备基金的 20 亿美元,后来又裁撤了合成燃料公司,因此没有一个得到过合成燃料公司贷款担保的油页岩项目实质性获得了资金资助。

1984 年国会要求审计署汇报合成燃料开发进展状况,并要说明"为什么项目发起人放弃了合成燃料项目?"的问题,审计署回应称原油供应充足,全球原油日超产(800 ~ 1000) $\times 10^4$bbl,而且 1981 年早期油价上升的趋势已经逆转了。

1981 年,里根总统的 12287 号行政命令取消了原油价格和原油与石油成品的配额管制。自 20 世纪 70 年代早期以来,市场力量第一次代替了法规机制,并允许原油价格与市场结算靠齐,解除管制同样为石油成品的出口限制放松提供了舞台。同时,由于能源节约措施的实施和世界经济的疲软,原油需求也下滑了,油品交易的方式也发生了根本性的变化。1980 年以前,原油价格以长期合约确定,而国际现货市场仅成交 10% 左右[29]。到 1982 年底,一半以上的原油交易采取现货或与现货市场价格挂钩方式。1983 年,随着纽约商品交易所原油期货的推出,原油交易发生了最大的变化,完全破坏了欧佩克敲定的价格。

油页岩项目的税收优惠同样也减少了。1982 年的《税收公平与财政责任法》(公法 97-248 号)取消了 1981 年《经济复苏税收法》(公法 97-48 号)中一些宽松的油品折旧费,从而减少了项目发起人潜在的税后收益。1985 年,议会开始考虑废除合成燃料公司的法案,第二年国会根据 1985 年的《统一综合预算协调法》(公法 99-272 号)终结了该公司。本报告的附录中给出了合成燃料项目更详细的立法程序记录。

5. 油页岩开发重现生机

2005 年，国会举行了油页岩开发听证会，讨论推进"环境友好型"技术，便于开发油页岩和油砂资源[30]。该听证会还提出了必要的法律和行政措施，以鼓励工业投资勘探重点区域，分享了其他政府机构和组织的经验以及行业的兴趣。2005 年的《能源安全法案》第 369 款（油页岩、沥青砂和其他非常规燃料[31]）指导内政部在公共土地上着手油页岩区块租赁工作，并与国防部合作制订商业化开发油页岩以及其他非常规燃料的方案。

国土管理局于 2005 年组建了油页岩特别小组以处理公共土地上的油页岩开发及遇到的难题。《美国法典》第 30 卷《矿产土地租赁法》241（a）节此前将租赁区限制为 5120acre，支持油页岩开发的人认为这种租赁区规模的限制妨碍了经济发展。《能源政策法案》修正了 241（a）节，将租赁区规模增加到 5760acre，但限制任一州境内总租赁区块不超过 5×10^4 acre[32]。

2005 年 9 月 20 日，国土管理局宣布已收到 19 宗申请，在科罗拉多州、犹他州和怀俄明州境内每宗 160acre 的公共土地上进行油页岩的研究、开发和示范工作。2006 年 1 月 17 日，国土管理局宣布接受了 6 家公司的 8 份油页岩开发技术建议书，中选公司包括雪佛龙页岩油公司、EGL 资源公司、埃克森美孚公司、石油技术勘探公司和壳牌前沿油气公司[33]，其中的 6 份建议书将试验地下开采工艺以最大限度减少对地面的破坏，每份建议书都按照《国家环境政策法》（NEPA）进行评价。除了申请的 160acre 研究、开发和示范区外，还为每个项目发起人预留了 4960acre 的优先权连片土地，将来国土管理局再行审核后即可将其转换为商业化租赁区。

《能源政策法案》还将油页岩列为国内重要的战略资源，并指示能源部协调和推动油页岩的商业化开发。《能源政策法案》第 369 款（q）节（国防部采购非常规燃料）指示国防部部长和能源部部长制定油页岩燃料战略，在国防部部长认为国防需要时满足国防部的燃料需求。国防部已与能源部在开发、测试、验证和使用替代能源（油页岩及其他能源）零硫航空燃料的清洁燃料行动中进行了密切合作，去除硫后，这些燃料就可用于发电和航空母舰与地面车辆的涡轮发动机中。人们考虑了基于费托合成法的合成燃料工艺，在总统的 2007 财年预算申请中，能源部建议终止石油技术研究，国防部也没有为清洁燃料提供资助[34]。

从 1910 年开始，几次立法行动都试图推动油页岩开发（油页岩储量立法及相关联邦政府项目汇总于本报告的附录中）。不过，近来的调控政策似乎与油页岩开发背道而驰，至少对油页岩制中间馏分燃料的广泛使用而言是这样的。

四、油页岩开发的动机与障碍

开发油页岩的经济诱因一直都与原油价格挂钩，原油曾经达到的最高价是 87 美元/bbl（按 2005 年美元价值折算），这一价格出现在 1981 年 1 月（图 2）[35]。一年半后，在原油价格价格开始下跌并新发现了生产成本低的储量后，艾克森石油公司取消了克罗雷油页岩项目。"丽塔"飓风后，原油价格飙升至 70 美元 /bbl，最近又升至 67 美元 /bbl，一些人认为价格将长期在高位运行。不过，在能源信息管理局的参考预测中，2006 年的全球原油平均价将继续上升，在新的原油供应进入市场后，油价将降至 2014 年的 46.90 美元 /bbl，然后又将缓慢爬升至 2025 年的 54.08 美元 /bbl[36]。接近历史高位的汽油价格引发了人们同样的猜想，因为自 2005 年 5 月以来，汽油平均价一直保持在 2 美元 /gal 以上，公路上的柴油价格甚至更高[37]。不过，石油公司的投资决策基于前几年 20 ～ 30 美元 /bbl 的价格赢利可能更保守些，而不是基于预测的价格进行投资。也就是说，高油价可能不是常规原油风险投资的动因，更别说油页岩了。

图 2　炼油厂商进口原油采购成本

资料来源：美国能源部能源信息署，世界石油市场与原油价格年表（1970—2004 年），2005 年 3 月，
http://www.eia.doe.gov/cabs/chron.html；美国能源信息署炼油厂商原油采购成本（2005 年 7 月至
2006 年 1 月），http://tonto.eia.doe.gov/dnav/pet/pet_pri_rac2_dcu_nus_m.htm

原油生产成本因地理位置和油藏条件不同而变化很大，随着老油田产量递减，这些影响因素比 25 年前更明显。原油生产包括将原油采至地面，通过集输管线到处理站，再到油田加工厂，最后储存原油。生产成本有时称为采油成本，包括操作油井及其装备的人工、油井及其装备的维修与保养、材料、物质以及运行油井及其装备所消耗的能源。在波斯湾地区，一口井每天可产几千桶原油，生产成本可能低至每桶几美元，而美国的原油生产成本 2004 年接近 15 美元 /bbl[38]。埃克森美孚公司报告说，过去的几年中其美国的原油生产成本从 4.5 美元 /bbl 上涨至 5.5 美元 /bbl[39]，而一些老的低产油井生产成本超过 25 美元 /bbl[40]。

1998 年由于供过于求,原油价格降至近 10 美元 /bbl,而汽油价格在一些市场低至 0.80 美元 /gal 以下。国内一些原油生产商向美国国际贸易法院控告进口原油在美国市场倾销[41],尽管该诉讼没有成功,但它进一步说明了原油生产成本底线(原油生产商不能竞争的原油价格)和油页岩展开竞争的生产成本。在原油价格下滑的前几年,其价格为 20 ~ 30 美元 /bbl。

人们认为油页岩可替代原油的看法忽略了油页岩制中间馏分的有限替代性,即中间馏分是低品位的汽油生产原料,这倒无碍油页岩中间馏分用作汽油生产原料,但需要耗费更多的能源和氢来裂解中间馏分。与使用柴油馏分燃料的压缩点火发动机相比,使用汽油的火花点火引擎燃油效率更低,其损失更大。

其他的有利或不利因素还包括油页岩加工设施的成本与规模、常规炼油工艺的盈利能力以及炼制商品的成本和有效性。某些鼓励轻型车辆燃烧汽油的环境和税收规定,阻碍了中间馏分柴油的使用,因而也阻碍了油页岩馏分油成为汽车燃料的替代品。

1. 油页岩开发设施成本

即便不引起争议,但准确估算油页岩生产成本具有挑战性。资源开采成本取决于是采用常规地下方法还是露天采矿方法,因为有大量的采矿经验,所以可以准确估算成本。第二个变数,即油页岩开发设施与运行成本必须分开考虑。前技术评估处 1979 年估算一座日产 5×10^4 bbl 油的油页岩厂(基于地面干馏工艺)需投资 15 亿美元,其运行成本为 8 ~ 13 美元 /bbl。根据 2004 年的美元价值运用纳尔逊—法勒成本指标法修正炼厂建设和运营成本,投资将达到 35 亿美元,运行成本为 13 ~ 21 美元 /bbl[42],这还不包括页岩的开采成本。

比较而言,近至 2001 年,新建一座常规炼厂其成本估计在 20 亿~ 40 亿美元之间[43]。2003—2004 年,毛利与净收益之差(毛利是炼厂收入减去原油成本)表明,炼厂平均运行成本(销售、能耗及其他成本)约为 6 美元 /bbl[44]。

尽管一些工序,比如加氢处理,油页岩厂和炼厂都需要,但油页岩厂建设成本不能直接与炼厂比较。如果基于油田的技术(如壳牌公司提出的储层转换工艺)能顺利地适应油页岩开采,那么油页岩厂设施成本将减少,但由于该技术能耗大,其运行成本将上升。

在美国空军的里韦特油页岩项目中,联合石油公司派洛叙迪湾一期项目 1985—1990 年以 6.5 亿美元的成本生产了 460×10^4 bbl 油页岩馏分油,总体上大约折合 141 美元 /bbl,或 3.52 美元 /gal。因为里韦特油页岩项目产出了等效的航空燃料,可与当时的航空燃油价格比较,对比分析发现,同期的炼油厂商原油采购成本(名义美元)在每桶不到 15 美元至 27 美元之间[45],基于煤油的航空燃料现货市场价从 1985 年每加仑不到 0.40 美元升至 1990 年的 1.10 美元以上。

兰德公司最近估计一座全新的油页岩地面干馏厂可能耗费 50 亿~ 70 亿美元,根据

2005 年的美元价值,运行成本为 17 ～ 23 美元 /bbl。兰德公司预测产出等效西得克萨斯中间油的油页岩制油品价格在 70 ～ 95 美元 /bbl 之间才能盈利[46],而壳牌公司则认为,一旦达到稳定生产状态,油页岩馏分油成本为 25 美元 /bbl,那么油页岩地下转换工艺生产就可盈利[47],这种成本估算的差异说明了油页岩开发的争议性。需要指出的是,兰德公司参考的是基于老干馏工艺的油页岩采矿方法,而壳牌公司的估算则是基于油田技术的油页岩开采方法。

2. 油页岩开发设施最佳规模

整个 20 世纪 70 年代,国内原油生产不断下降,许多边际(经常是)小炼厂关闭或闲置了[48]。1981 年运行的 324 家炼厂中,目前仅有 142 家尚在运行。不过,这些厂家原油蒸馏能力与 80 年代的 1450×10^4bbl/d 相比,现在达到近 1750×10^4bbl/d,而且单家炼厂能力在日处理 55.7×10^4bbl(埃克森美孚公司的得克萨斯贝城炼厂)到 1707bbl(内华达州伊格尔·斯普林斯县的前陆炼油公司炼厂)之间变化[49]。所有炼厂中位数炼油能力(最高最低间的中部位置)每天接近 8×10^4bbl (图 3),中位数之上的 71 家炼厂能力占到目前美国总炼能(日处理 1480×10^4bbl)的 85%,这种炼厂扩能趋势反映了规模经济效益(欲详细了解炼油信息,请参考国会研究服务处报告 RL32248,石油炼制: 罗伯特·皮偌格著的《未来的经济动态与挑战》)。

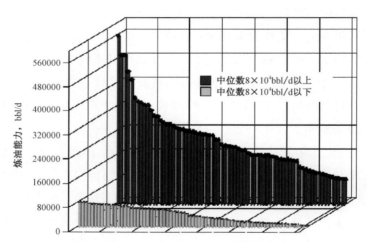

图 3   日处理中位数 8×10^4bbl 左右原油炼制能力分布图

资料来源美国能源信息署,《年度能源了望》,表 38,2005 年,《各州可运行炼厂能力》

20 世纪 70 年代后期,技术评估处建议的日产 5×10^4bbl 油的油页岩厂具有典型的炼厂能力,但与现在的炼厂能力相比,规模显得小了。不过,按照中间馏分油产量配套原则,一座油页岩厂要求有等量的常规炼厂能力配套。由于美国的炼厂最多产出 47% 的车用汽油对 33% 的中间馏分油,那么现在一座日产 5×10^4bbl 油的油页岩厂(专门生产中间馏分油)需

要配套日处理 15×10^4 bbl 油的常规炼厂[50]，这说明就中间馏分油产量而言，一座相对较小的油页岩生产厂与一座较大的常规炼厂效率相当。

复杂的审批程序不利于新建一座炼厂，而是有利于已有炼厂的扩能。建设一座新炼厂的审批流程估计需要多达 800 项不同的许可证[51]，就获取许可证而言，相对简便的油页岩厂申请程序较常规的炼厂来说是一项天生的优势。国会已认识到了需要增加炼油能力以满足国家利益需求，并在 2005 年的《能源政策法案》（第 3 卷，H 款——振兴炼油能力）中增加了方便获取环境许可流程的条款，现在炼厂可提交环境保护署（EPA）要求的获取所有许可证的统一申请表。为了加快许可证的审核进程，环境保护署已获授权协调其他联邦机构在审核过程中提供财政支持，雇请专家协助审核许可证，并尽快与有关州达成协议。能源政策法案的第 17 卷（创新技术倡议）增加了相关条款以保证为使用新的或有重大技术改进的炼厂提供贷款，以避免、减少或埋存空气污染物与温室气体。如果建设新炼厂是无奈的选择，那么获取许可证就是次要考虑的因素。

3. 与进口馏分油的竞争

1993—2005 年，美国的低硫中间馏分油产量从 3280×10^4 bbl 增加到 10.58×10^8 bbl，翻了 3 番，但仍需进口才能满足需求（图 4）。目前，年进口的 5500×10^4 bbl 油相当于日产

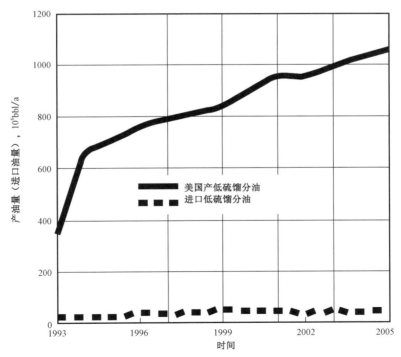

图 4　国内炼制低硫馏分油与进口低硫馏分油对比

资料来源：美国能源信息署石油导航，《美国 $15\sim500\,\mu g/g$ 含硫馏分油炼厂产量》和《美国 $15\sim500\,\mu g/g$ 含硫馏分油进口量》，http://tonto.eia.doe.gov/dnav/pet/hist

15×10^4bbl 油的规模，或相当于技术评估处建议的 3 座日产 5×10^4bbl 油的油页岩厂。

与美国的炼厂一样，欧洲的炼厂在 20 世纪 90 年代早期开始优化汽油生产，主要是因为欧洲税收政策的刺激，导致中间馏分柴油燃料需求增加，而这些炼厂的超产汽油都出口到了美国市场，预测到 2010 年，柴油燃料将占到欧洲消耗量的 68%[52]。欧洲炼厂如何应对柴油燃料需求的增加很可能影响对美国的汽油出口，尤其是炼厂偏重柴油产量而不是增加柴油产能，出口到美国市场的柴油和汽油都会减少。美国炼厂好像有超产能力弥补汽油和柴油的缺口，也给油页岩填补馏分油损失留出了空间。

如果美国生产中间馏分油，那么产能需求日产 100×10^4bbl 的炼制能力。根据油页岩生产特征，需要 3 座油页岩总处理能力为 1867×10^4t（每吨油页岩产油 15 ～ 30gal），每家日产 5×10^4bbl 油的油页岩厂才能填补国内供应的缺口。

4. 监管障碍

除去经济原因外，一些管理政策也不利于油页岩馏分燃料的生产和使用。汽油和柴油都要遵守清洁空气规章并按联邦车用燃料纳税，应对汽油的规章和纳税都更宽容一些。相比而言，欧盟（EU）的环境标准和纳税规章对柴油燃料更宽容一些，因而促进了柴油的广泛使用。因为油页岩制馏分油能够替代柴油燃料，所以任何倾向汽油的管理规章都不利于油页岩的开发。

1）柴油车需求

在美国，载客车辆和轻型卡车（整车质量在 8500lb 以下）是运输燃料的主要需求源。不过，22% 的运输燃料需求是柴油，主要是公路载重车和工地工程车用油（半挂卡车、推土设备和铁路机车）。与商用车辆相比，私家车年行驶路程少，这些轻型卡车和载客车辆的柴油需求占比小（但不确定）。不过，销售的公路柴油车略超轻型车辆的一半。但总体上，轻型柴油车仅占近期售出的总轻型车的 5%（2004 年售出的轻型柴油卡车约 34.9×10^4 辆，加上载客车约 3×10^4 辆与总数达 1690×10^4 辆轻型车辆相比）[53]。美国能源信息署发现美国的轻型柴油车增长比欧洲的慢[54]，与美国的轻型柴油车销售相比，欧洲的载客柴油车登记量从 1998 年的 22.3% 上升到 2004 年的 48.25%[55]。柴油车登记量增长的效果可从炼厂的柴油产量增加和国际能源署提交的经济合作与发展组织（OECD）欧洲成员国的柴油净交付报告中看出（图 5）[56]。

2）一氧化碳、氮氧化物和 PM 排放

与火花点火引擎（汽油）相比，压缩点火引擎（柴油）通常排放更少的一氧化碳和二氧化碳，但排放的氮氧化物和悬浮微粒更多。氮氧化物是地面臭氧污染（烟雾）的主要原因，从技术上讲，在柴油引擎中降低氮氧化物比减少悬浮微粒排放更难。

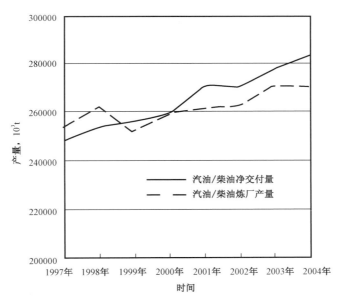

图 5　经济合作与发展组织欧洲成员国净交付量与炼厂汽油／柴油对比
资料来源：国际能源署，2000—2005 年月度石油调查

1990 年的《清洁空气法修正案》（《美国法典》第 42 卷 7401 ～ 7671q 条）1 级和 2 级排放标准规定了汽油、柴油引擎的一氧化碳、氮氧化物和悬浮微粒排放限值。在 1 级排放标准中，对载客柴油车和轻型卡车的氮氧化物是 1.0g/mile，而汽油车是 0.4g/mile。

在 2004 年开始生效的 2 级排放标准中，不分燃料类型，不同年份生产的车辆氮氧化物排放量平均值不得超过 0.07g/mile。只要整批车辆符合氮氧化物排放量平均值标准，特殊型号车辆可以在一定排放区间内波动（最大误差为 0.2g/mile），其他污染物排放标准不变。

由于柴油引擎天生就比汽油引擎排放更多的氮氧化物和悬浮微粒，增加柴油车辆的产量就提高了整体的平均排放量，因此，在美国就限制了制造商销售车辆的数量，从而限制了柴油车的需求，从而进一步阻碍了油页岩馏分油的生产。美国的氮氧化物 2 级排放标准比欧盟目前的欧Ⅳ标准更严格，欧Ⅳ标准的柴油车排放限值是 0.4g/mile，而轻型柴油卡车为 0.6g/mile。美国 PM2 级排放标准为 0.01 ～ 0.02g/mile，同样比欧Ⅳ标准的 0.04g/mile 更严格。

美国一氧化碳 2 级排放标准的 4.2g/mile 就远不及欧Ⅳ标准的载客柴油车 0.8g/mile、轻型柴油卡车 1.2g/mile 严格。这种情形下，2 级排放标准就鼓励使用汽油，而不是柴油了。

欧盟正在转向基于二氧化碳排放量对轿车征税（有利柴油车）[57]，这一举措是响应限制二氧化碳排放对气候变化影响的《京都议定书》，美国签署了该协议但尚未批准。

如果油页岩馏分油代替柴油，限制一氧化碳、氮氧化物和 PM 排放的 2 级排放标准仍将发生作用,因为该标准不分燃料类型,不过,油页岩馏分油(类似柴油)的排放特征还没有成为研究课题。

3）超低硫柴油

到 2006 年中期,根据环境保护署 2001 年颁布的规章,超低硫柴油 (ULSD) 新的美国标准开始生效[58]。柴油燃料硫含量必须从现在的 500 μg/g (1993 年的规章要求从 5000 μg/g 降下来的水平)降到 15 μg/g 以下。不过,考虑到管输污染,炼油厂商必须将柴油的硫含量降低 7 μg/g；4 年的过渡期,允许 20% 的公路柴油符合目前的限制。

美国能源信息署估计生产超低硫柴油的边际成本为 2.5 ～ 6.8 美分 /gal,取决于供求状况或消费者抬价[59]。能源信息署测算超低硫柴油规章要求总的炼厂投资在 63 亿～ 93 亿美元之间,由于超低硫柴油的内能低于 500 μg/g 的柴油,因此燃料的效率可能会受到影响(增大燃料消耗,从而增大需求)。

表 1 对油页岩馏分油的含硫量与原油进行了对比。通过增大现有氢化处理装置的能力和增加新的装置,美国炼油厂商能够满足目前 500 μg/g 的要求,不过,将柴油的含硫量降至 500 μg/g 以下,炼厂可能面临困难。难以氢化处理的多环噻吩型非烃化合物中残硫连接紧密,因为分子环结构将硫连接在两侧。尽管这些化合物存在于所有石油馏分中,但更集中于残余端馏分中。因此,裂解残渣以增加汽油产量时问题就复杂化了。20 世纪 80 年代后改进的氢处理技术提高了脱硫能力,并提供了脱出油页岩馏分中过多氮含量的方法(有利于生产低氮氧化物排放的稳定燃料)。

鉴于常规炼厂可通过技术改进提高氢处理能力,油页岩加工厂从一开始就可以设计和建设足够的产能。不过,许多炼厂要么生产氢化处理所需的氢气,要么从驻扎在炼油中心附近的供应商处购买,油页岩厂则需要增建水蒸气转化工艺将天然气转化为所需的氢气。

炼油厂商对超低硫柴油规章的反应最终将影响柴油供应,进而影响价格。高涨的柴油价格很可能侵蚀柴油引擎对汽油引擎的低运行成本优势,人们购买轻型柴油车的热情减少了,这正契合了能源信息署预测的未来 10 年轻型柴油车低增长的趋势。另外,柴油需求减少进一步降低了为轻型车辆生产油页岩馏分油的热情。

5. 燃料税收

美国联邦政府目前的车用燃料税率汽油每加仑比柴油少 6 美分(分别是 18.4 美分 /gal 和 24.4 美分 /gal)[60]。20 世纪 80 年代中后期,汽油和柴油的税率都开始上涨,但柴油的涨速更快(图 6)。柴油的高费率基本上是重型卡车支付的使用费,目的是用以抵消其比轻型车对路面造成的更大损害。在美国,车用燃料税用于交通基础设施改善,而在欧盟 15 个成员国却是一般收入的来源。

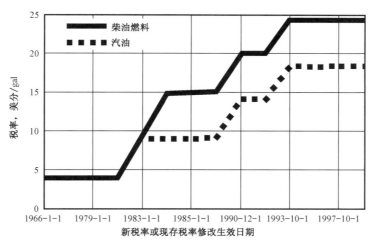

图 6　柴油与汽油燃料税率对比

（资料来源：美国运输部，"车用燃料与润滑油联邦税率"，表 Fe-101a）

美国联邦政府的车用燃料税每加仑汽油比柴油优惠 6 美分。欧盟国家（除英
国外）每加仑柴油比汽油优惠 62 美分

　　总体上，欧盟的车用燃料税比美国高得多，从英国的汽油柴油 3.28 美元 /gal（以 1.17 美元 ： 1 欧元汇率折算为 742 美元 /1000L）到卢森堡柴油最低 1.12 美元 /gal（即 253 美元 /1000L）。除英国外，欧盟其他国家的柴油每加仑平均税率比汽油低 62 美分（140 美元 /1000L）[61]。

　　2005 年 12 月，法国和德国汽油的平均终端价格分别为 5.26 美元 /gal 和 6.08 美元 /gal（1.17 美元 /L 和 1.226 美元 /L），而美国是 2.17 美元 /gal；法国和德国车用柴油平均价格分别是 3.89 美元 /gal 和 4.23 美元 /gal（0.865 美元 /L 和 0.941 美元 /L），而美国是 2.45 美元 /gal[62]。在欧盟，两种燃料的终端价格差似乎与柴油车登记数量的增长有关。随着原油价格上涨，柴油车的省油优势将变得更具吸引力。

　　从某种程度上讲，柴油燃料的需求是受政策驱动的。有利于柴油的车用燃料税是调整燃油需求的一种手段，但应大幅修正目前有利于汽油的每加仑燃油 6 美分的价差，将车用燃料税涨至目前的联邦水平之上与当前的政策是背道而驰的。"卡特里娜"飓风之后，汽油涨至 3 美元 /gal 以上，一些州暂停了或考虑暂停对汽油征税。但是支持节约能源的人认为，高油价可劝阻人们驾车从而节约燃料，因此，应保留车用燃料税甚至提高燃料税。如果更高的车用燃料税能鼓励燃料效率更高的车辆需求，欧洲的经验就是这样的，那么，柴油载客车固有的燃油效率优势就变得更明显了（即使没有达到理想的要求），这为生产柴油或用油页岩馏分油制替代燃料提供了额外的动力。

五、政策透视与考量

　　联邦政府发起的开发油页岩制燃料替代品研究可以追溯到第二次世界大战期间 1944

年美国合成液体燃料法对油品供应的担忧,后来,为了应对 20 世纪 70 年代的原油禁运,国会成立了合成燃料公司,当时国家安全是一个刺激因素(也就是帮助维持战争,并应对国外断供能源的诉讼)。随着 80 年代早期新发现且生产成本低的石油储量投产,油页岩生产的经济性和开采条件就很不利了。由于商业利益退出项目,国会终止了合成燃料开发。开发这种资源的各种商业努力成效有限,石油炼制技术的进步和新石油储量的发现使私人公司不再从事油页岩资源的开发。

全球需求驱动着石油供需周期,如果历史是真实的,那么就会表现出周期性的超供与短缺。超供时期非常适合最少化手中存货减小库存成本的及时供应模型,而石油市场自我调节理论的支持者认为石油断供是暂时的,出现价格尖峰则预示消费者将减少油品消耗。反对者认为国家安全危机时期不应该减少油品消费,而应该有"备用"应急措施,比如油页岩。尽管未来来自类似欧佩克石油禁运的可能性小,但总统的"到 2025 年替代来自中东 75% 以上的进口石油"目标表明国家对油页岩的持续关注[63]。

近期原油价格走高重振了人们对油页岩的兴趣,促使国会在 2005 年的《能源政策法》案中增加了鼓励联邦油页岩权益租赁和开发的条款。该法案还将油页岩定义为国内重要的战略资源,并授权能源部协调和推动油页岩的商业化开发步伐。

但是始终存在误解,人们怀疑油页岩替代原油的可替代性,认为油页岩不能作为生产汽油的原料,从而有效地替代原油。因此,推动油页岩开发的政策与有利于汽油用作运输燃料的调控政策陷入了冲突。油页岩资源的最好用途就是作为生产中间馏分油的原料,不利于中间馏分油燃料广泛使用的调控政策可能正在阻挠油页岩的生产。国会可能会考虑油页岩开发的特殊方案,并取消调控政策对中间馏分油燃料广泛用作运输燃料的限制。

总统 2007 财年的预算申请将终止能源部的石油技术研究,而国防部的油页岩(以及其他资源)制清洁燃料倡议也未得到资助[64]。在目前常规石油高成本开采条件下,油页岩能否经济开采尚未明了,不过,没有长期协调一致的努力去开发油页岩,不管是联邦政府还是私人企业发起的开采活动,其经济可行性都值得怀疑,油页岩开发早期的高单位成本应与进口产品需求和竞争带来的降价效应相平衡。

六、附件:油页岩开发立法历程

1910 年的《皮克特法案》开始授权开采加利福尼亚州和怀俄明州境内潜在的含油区块以为海军提供燃料来源,后来在 1912—1927 年,总统命令划拨了 3 块据信含油的联邦土地,即海军石油与油页岩储量区块作为应急储备。

1944 年的《美国合成液体燃料法案》(《美国法典》第 30 卷第 321 ~ 325 节)批复了 5 年内 3000 万美元费用用于"建设和运行利用煤炭、油页岩、农业与森林产品以及其他物质生产合成液体燃料的示范工厂,以帮助维持战争、储存并增加国家石油资源以及其他目的"。

该法案还授权内政部部长建设、维护并运行利用煤炭、油页岩、农业与森林产品生产合成液体燃料的工厂。矿业局收到了一单为期 11 年的示范工厂项目的 3000 万美元拨款。

1950 年朝鲜战争期间颁布的《国防生产法案》（第 64 卷 798 页第 932 章），旨在开发和维持必要的军队与经济力量以支持联合国主导的联合行动。某些物质和设施从民用转移到军用后，要求扩大不仅满足民用的生产设施能力。第 3 卷 303 节（扩大生产和供应能力）授权总统"特别"采购权以加工和炼制政府用或转售液体燃料，并改进政府或私人公司从事液体燃料加工与炼制的装置以备国防需要。1980 年，国会补充了终止或减少国防能源需求供应的条款（公法 96-294），该法案 305 节授权总统为国防目的购买合成燃料，后来 12242 号总统命令，指示国防部部长确定国防需要采购液体燃料的数量和质量。

1976 年的《海军石油储量生产法案》（公法 94-258）参考了阿拉斯加州的 4 号海军石油储量区块文件，将石油定义为原油、气体（包括天然气）、凝析油以及其他有关的烃、油页岩及其产品。

1977 年的《能源部组织法》（公法 95-91）将海军石油与油页岩储量管理权从海军移交给了能源部。

1980 年的《美国合成燃料公司法》（公法 96-294）[65]修正了《国防生产法案》，建立了合成燃料公司（SFC）以"改善国家支付平衡，减少石油断供造成经济损害的威胁，并通过减少对外国油品的依赖增强国家安全"。合成燃料公司获得授权为利用煤炭、油页岩、沥青砂和重油生产合成燃料的合格项目提供财政支持，财政支持包括贷款、贷款担保、价格担保、购买协议、合资公司或者上述各种资助形式的组合。财政部内还建立了能源安全储备基金，并拨款 191 亿美元鼓励替代燃料生产。12242 号总统命令（1980 年），指示国防部部长根据《国防生产法案》确定国防需要采购合成燃料的数量和质量。1982 年的 12346 号总统命令（合成燃料），撤销了 12242 号总统命令，并为能源部负责的合成燃料事宜有序过渡给美国合成燃料公司做准备。

1980 年的《原油暴利税法案》（公法 96-223），表面上为能源安全储备基金提供了资金，修正后的国内税收法，增加了国内生产商应课税原油暴利消费税。为鼓励油页岩开发，政府提供了当量油品 3 美元 /bbl（1979 年美元价值）的生产税收抵免。议会会议报告（议会报告 96-817）预测，1988 年后石油税收年总收入是 2273 亿美元。为管理石油税收而建立的暴利税账户，给能源和运输分配了 15% 的份额。1983 年，国会预算办公室估计收入只有议会报告预测的 40%，而 1988 年仅有 20%，因为原油的价格比预测的价格更低。1988 年国会取消了暴利税（公法 100-418）。

议会开始考虑立法撤销 1985 年《合成燃料财务责任法案》（众议院报告 935 号）成立的合成燃料公司。能源和商务常设委员会辩论了撤销合成燃料公司的法案（报告 99-196），该法案拟减少联邦赤字，并认为购买应对另一次欧佩克禁运的战略石油储备比资助合成燃料价格划算得多。截至 1983 年,少数人认为:根据 12242 号总统命令,国防部已确认需要合成燃料满足国防需要。1985 年 9 月,参议院拨款委员会报告(参议院报告 99-141 号)建议增加能源部油页岩项目预算,并重新确认国家紧急状态时油页岩储量供应石油的目标。根据 1985 年的《统一综合协调法案》(公法 99-272),不能支持合成燃料公司,国会终止了该公司,该公司剩余的债务转移到财政部,合成燃料公司董事会主席的职责转交给财政部部长。

1977 年的《能源部组织法》(公法 95-91)将海军石油与油页岩储量移交给了能源部,1988 年的《国防授权法案》(公法 105-85)将科罗拉多州赖夫儿市附近的 1 号和 3 号海军油页岩储量区块从能源部移交给了国土管理局,2000 年的《国防授权法案》(公法 106-398)将犹他州的 2 号海军油页岩储量区块移交给了尤特印第安人部落。

2005 年的《油页岩、沥青砂和其他非常规战略燃料法案》[66]公告了国内油页岩资源及其开发的战略重要性。该法案指示内政部部长着手公共土地上的油页岩资源商业化租赁,并建立特别小组与国防部部长合作编制商业化开发非常规战略资源(不要局限于油页岩)的方案。源自《煤炭、油页岩和沥青砂的燃料采购案》第 2398a 节指示国防部部长编制使用油页岩制燃料的战略,以满足(国防部部长认为购买油页岩制燃料符合国家利益时)国防部对燃料的需求。

参 考 文 献

[1] U.S. DOE Energy Informa tion Administration(EIA), Monthly Energy Review January 2006, Table 1.7, Overview of U.S. Petroleum Trade, at [http://www.eia.doe.gov/emeu/mer/pdf/pages/sec1_15.pdf], visited Feb. 17, 2006.

[2] Thomas Lonnie, Bureau of Land Management, Testimony before the Senate Energy and Natural Resources Committee, Oversight Hearing on Oil Shale Development Effort, Apr. 12, 2005.

[3] Office of Technology Assessment, An Assessment of Oil Shale Technologies, 1980, pp. 89–91, NTIS order #PB80–210115.

[4] James W. Bunger and Peter M. Crawford, "Is oil shale America's answer to peak–oilchallenge？" Oil & Gas Journal, Aug. 9, 2004.

[5] The Society of Petroleum Engineers defines true reserves as "those quantities of petroleum –which are anticipated to be commercially recoverable from known accumulations from a given date forward." See [http://www.spe.org/spe/jsp/basic/ 0, ,1104_1575_ 1040460,00.html](viewed Feb. 17, 2006).

[6] U.S. DOE EIA, International Petroleum(Oil)Reserves and Resources, at [http://www.eia.doe.gov/emeu/international/oilreserves.html], visited Feb. 17, 2006.

[7] U.S. DOE, Naval Petroleum & Oil Shale Reserves, Annual Report of Operations Fiscal Year 1995(DOE/FE-0342).

[8] John M. Hunt, Petroleum Geochemistry and Geology, W.H. Freeman and Co., 1979.

[9] Cn is shorthand notation for the number of carbon atoms. John M. Hunt, Petroleum Geochemistry and Geology, W.H. Freeman and Co., 1979.

[10] Exxon Research and Engineering Co., Fundamental Synthetic Fuel Stability Study, First Annual Report for May 1, 1979 to April 30, 1981.

[11] James H. Gary and Glenn E. Handwerk, Petroleum Refining, Technology and Economics 4th ed., 2001. (Hereafter cited as Gary and Handwerk, Petroleum Refining: Technology and Economics.)

[12] Octane number refers to the gasoline property that reduces detrimental knocking in a spark-ignition engine. In early research, iso-octane(C8-length branched hydrocarbon molecules)caused the least knock and was rated 100. Cetane number refers to a similar property for diesel fuel, for which normal hexadecane(C16H34)is the standard molecule.

[13] The term "crack spread" refers to the 3-2-1 ratio of crude-gasoline-distillate. The crack spread and the 3-2-1 crack is a hypothetical calculation used by the New York Mercantile Exchange for trading purposes.

[14] Gary and Handwerk, Petroleum Refining: Technology and Economics.

[15] Hydroprocessing describes all the processes that react hydrocarbons with hydrogen to synthesize high-value fuels. Hydrocracking reduces denser molecular weight hydrocarbons to lower boiling range products(predominantly gasoline). Impurities such as sulfur are removed by hydrotreating. Refineries produce the hydrogen needed for hydrotreating either by steam reformation of methane(liberated during the atmospheric distillation)or from a vendor who similarly converts natural gas(methane)to hydrogen. Alan G. Bridge "Hydrogen Processing," Chapter 14.1, in Handbook of Petroleum Refining Processes, 2nd ed., McGraw-Hill, 1996.

[16] Robert E. Maples, Petroleum Refinery Process Economics, 2nd ed., Penwell Corp., 2000.

[17] Ibid., Table 4-1.

[18] Cohen, Linda R. and Roger G. Noll, "The Technology Pork Barrel," Chapter 10, in Synthetics from Coal, Washington, DC: The Brookings Institution, 1991.

[19] OTA, Ch. 5 – Technology, p. 157.

[20] API gravity refers to the American Petroleum Institute measure of crude oil density – the higher the API gravity, the lighter the crude oil's density. Light crudes exceed 38°API, intermediate crudes range 22°API to 38°API, and heavy crudes fall below 22°API.

[21] Platt's Oil Guide to Specifications, 1999 [http://www.emis.platts.com/thezone/guides/platts/oil/crudeoilspecs. html], viewed Apr. 5, 2006.

[22] New York Mercantile Exchange, Exchange Rulebook, Light "Sweet" Crude Oil Futures Contract, at [http:// www.nymex.com/rule_main.aspx], visited Aug. 25, 2005.

[23] Testimony of Stephen Mut, Shell Unconventional Resources Energy Oil, Shale and Oil Sands Resources

Hearing, Senate Energy and Natural Resources Committee, Tuesday, Apr. 12, 2005.

[24] Jack S. Savage, Oil Tech, Inc., Testimony before the Hearing on The Vast North American Resource Potential of Oil Shale, Oil Sands, and Heavy Oils – Part 1, House Subcommittee on Energy and Mineral Resources, June 23, 2005.

[25] Personal communication with William E. Harrison III, Office of Deputy Under Secretary of Defense for Advanced Systems and Concepts, Oct. 25, 2005.

[26] The Center for Land Use Integration, Unocal Oil Shale Plant, at [http://ludb.clui.org/ex/i/CO3191/], visited Mar. 28, 2006.

[27] Garfield County, Colorado, Garfield County Comprehensive Plan Revision, Study Area Five, adopted version, Apr. 24, 2002, at [http://garfield-county.com/home/index.asp ? page=664], visited Mar. 28, 2006.

[28] H.Rept. 99–196, Part 1, July 11, 1985.

[29] Daniel Yergin, The Prize, Touchstone, 1991, pp. 722–725.

[30] The Senate Energy and Natural Resources Committee, Oversight Hearing on Oil Shale Development Effort, Apr. 12, 2005.

[31] Also cited as the Oil Shale, Tar Sands, and Other Strategic Unconventional Fuels Act of 2005.

[32] 30 USC 241(4) "For the privilege of mining, extracting, and disposing of oil or other minerals covered by a lease under this section ... no one person, association, or corporation shall acquire or hold more than 50000 acres of oil shale leases in any one State."

[33] Bureau of Land Management, BLM Announces Results of Review of Oil Shale Research Nominations, Jan. 17, 2006, at [http://www.blm.gov/nhp/news/releases/pages/2006/pr060117_oilshale.htm], visited Mar. 29, 2006.

[34] Personal communication with Dr. Theodore K. Barna, Feb. 8, 2006.

[35] U.S. DOE EIA, Imported Crude Oil Prices: Nominal and Real, at [http://www.eia.doe.gov/emeu/steo/pub/fsheets/petroleumprices.xls], visited Apr. 5, 2006.

[36] U.S. DOE EIA, Annual Energy Outlook 2006 with Projections to 2030(Early Release)–Overview, December 2005, at [http://www.eia.doe.gov/oiaf/aeo/key.html], visited Apr. 5, 2006.

[37] U.S. DOE EIA, Gasoline and Diesel Fuel Update, at [http://tonto.eia.doe.gov/oog/info/gdu/gasdiesel. asp], visited Apr. 5, 2006.

[38] U.S. DOE EIA, Performance Profiles of Major Energy Producers 2004, Table 11, Income Components and Financial Ratios in Oil and Natural Gas Production for FRS Companies, 2003 and 2004, at [http://www.eia. doe.gov/emeu/perfpro/], visited Apr. 12, 2006.

[39] Exxon Mobile Corp, Form 10–K, Average sales prices and production costs per unit of production – consolidated subsidiaries Feb. 28, 2006.

[40] Thomas R. Stauffer, "Trends In Oil Production Costs In The Middle East, Elsewhere," Oil & Gas Journal,

Mar. 21,1994.

[41] "U.S. Oil Dumping Case Wins Investigation By Commerce," Oil & Gas Journal, Oct. 2,2000.

[42]1980 vs. 2004 Refinery Inflation Index and 1980 vs. 2004 Refinery Operating Index from the Nelson−Farrar Cost Indexes, Oil & Gas Journal (published first issue each month).

[43] "U.S. appears to have built last refinery," Alexander's Gas & Oil Connections, vol. 6, issue 13, Jul. 17, 2001.

[44]U.S. DOE EIA, Performance Profiles of Major Energy Producers 2004, Table 15, U.S. Refined Product Margins and Costs per Barrel Sold and Product Sales Volume for FRS Companies,2003−2004, at [http://www. eia.doe.gov/emeu/perfpro/], visited Apr. 12,2006.

[45]U.S. DOE EIA, Crude Oil Refiner Acquisitions Costs, Table 5.21,1968−2004, at [http://www.eia.doe.gov/ emeu/aer/txt/ptb0521.html], visited Feb. 21,2006.

[46]Bartis, James, T., et al., Oil Shale Development in the United States, The Rand Corporation,2005.

[47] "Is Oil Shale America's Answer to Peak−Oil Challenge ? " Oil & Gas Journal, Aug. 9,2004.

[48]The last new U.S. refinery was built in 1976 by Marathon Ashland in Garyville, Louisiana. U.S. DOE EIA, Country Analysis Briefs−United States of America January,2005, at [http://www.eia.doe.gov/emeu/cabs/usa. html], visited Apr. 5,2006.

[49]U.S. DOE EIA, Refinery Utilization and Capacity, at [http://tonto.eia.doe.gov/dnav/pet/pet_pnp_top.asp.], visited Feb. 22,2006.

[50]U.S. DOE EIA, Petroleum Supply Annual 2004, vol. 1, Table 19, Percent Refinery Yield of Petroleum Products by PAD and Refining Districts,2004, at [http://www.eia.doe.gov/oil_gas/petroleum/data_ publications/petroleum_supply_annual/psa_volume1/psa_volume1.html], visited Apr. 5,2006.

[51] "Crude Awakening," Investor's Business Daily, Mar. 28,2005.

[52]Energy Intelligence Group, "European Refiners Need to Bite Bullet of Downstream Investment," Mar. 14, 2005, at http://www.energyintel.com.

[53]Ward's Automotive Yearbook 2005, U.S. Diesel Car Market Share, p. 36.

[54]U.S. DOE EIA, Can U.S. Supply Accommodate Shifts to Diesel−Fueled Light−Duty Vehicles ? , Oct. 7,2005.

[55] "The Changing Face of Europe's Car Industry," The Economist Newspaper Ltd, Mar. 24,2005.

[56]International Energy Agency, IEA Energy Statistics, Monthly Oil Survey, at [http://www.iea.org/Textbase/ stats/oilresult.asp], visited Apr. 12,2006.

[57] "Emission Taxes Could Displace Registration Taxes," The Economist Newspaper Ltd., Mar. 24,2005.

[58]U.S. EPA, "Control of Air Pollution from Motor Vehicles: Heavy−Duty Engine and Vehicle Standards and Highway Diesel Fuel Sulfur Control Requirements: Final Rule," Federal Register,40 CFR, Parts 69,80, and 86.

[59] U.S. DOE EIA, The Transition to Ultra–Low–Sulfur Diesel Fuel: Effects on Prices and Supply, May 2001.

[60] U.S. DOT, "Federal Tax Rates on Motor Fuels and Lubricating Oil," Table Fe–101a., at [http://www.fhwa. dot.gov/policy/ohim/hs03/htm/fe101a.htm]. The effective tax rate on gasoline and diesel terminated Oct.1, 2005; new rates have not yet been published.

[61] EurActive, Fuel Taxation, Nov. 25,2003, at [http://www.euractiv.com/Article ? tcmuri=tcm: 29–117495–16&type=LinksDossier], visited Apr. 5,2006.

[62] International Energy Agency, End–user Petroleum Product Prices and Average Crude Oil Import Costs, December 2005, Jan. 6,2006.

[63] President George W. Bush, State of the Union, Jan. 31,2006.

[64] Personal communication with Dr. Theodore K. Barna, Feb. 8,2006.

[65] Title I, Part B of the Energy Security Act of 1980.

[66] Section 369 of the Energy Policy Act of 2005.

美国政府问责办公室——油页岩管理规章

内政部国土管理局依照《美国法典》
第5卷801（a）（2）（A）节要求发布主要规章报告

油页岩管理总则

（1）成本效益分析。

国土管理局分析了最终版油页岩管理总则的成本和效益,指出允许开发国内巨大的油页岩资源具有获利潜力,但获利多少及什么时候获利存在很大的不确定性。该分析报告中,国土管理局估计潜在的金融成本和利润净现值贴现率取7%时大约是136亿美元,贴现率取3%时大约是285亿美元,贴现率取20%时大约是18亿美元。

（2）与弹性调节法有关的机构行为,《美国法典》第5卷第605节、第607节和第609节。

国土管理局确认最终版油页岩管理总则对大量的小型实体不会有显著的经济影响。

（3）与1995年颁布的短期任务改革法案第202～205节有关的机构行为,《美国法典》第2卷第1532～1535节。

国土管理局确认最终版油页岩管理总则对各州、地方政府或部落政府没有任何指令,而且对私营部门总的影响不会超过1亿美元。

（4）行为和行政命令行政程序法规定的其他有关信息或要求,《美国法典》第5卷第551节及细目等。

国土管理局按照《美国法典》第5卷第553节《行政程序法》要求的程序以公告与评论的形式发布了最终版油页岩管理总则。2004年11月22日,国土管理局要求公众评价某些地方的油页岩开发潜力（69 Fed. Reg. 67935）。国土管理局于2005年12月13日发布了预备性纲领性环境预判评价报告意向通知书,并于2007年12月21日征集纲领性环境预判评价报告意见,2008年12月5日提供了纲领性环境预判评价报告最后版本（70 Fed. Reg. 73791；72 Fed.Reg. 72751；73 Fed. Reg. 51838）。

2006年8月25日,国土管理局发布了建议的规章制定公众评价预先通知,并于2006年9月26日延长了公众评价时间（71 Fed. Reg. 50378；72 Fed. Reg. 56085）。国土管理局收到了对预先通知的48件公众回应。2008年7月23日,国土管理局公布了建议的规章（73 Fed. Reg. 42926）。国土管理局收到了来自个人、联邦与州政府和机构、利益团体和行业代表对建议规章的75000多件评论信件,国土管理局在最终的规章中回应了这些评论（73 Fed.

Reg. 69416–69448 ）。

① 文书削减法，《美国法典》第 44 卷第 3501 ～ 3520 节。

该规章包含标题为"第 3900 ～ 3930 部分——油页岩管理总则"的信息收集要求。管理与预算办公室审核了这个要求，并将其签署为管理与预算办公室控制号 1004–0201。国土管理局估计该要求的年总工作量为 1794h，加工和成本回收费为 526652 美元。

② 制定规章法律授权。

根据《美国法典》第 30 卷第 351 ～ 359 节、第 42 卷第 15927 节、第 43 卷第 1701 ～ 1787 节规定，国土管理局发布了最终版油页岩管理总则。按照 1969 年的《国家环境政策法案》（NEPA）和《美国法典》第 42 卷第 4321 ～ 4370 节要求，国土管理局为该管理总则准备了环境评价报告。分析发现：依照该法案，本管理总则不属于显著影响人文环境的重大联邦行动。

③ 第 12630 号行政命令（收入）。

国土管理局确认最终版油页岩管理总则不是影响受保护财产权的政府行为，而且不需要收入评价。

④ 第 12866 号行政命令。

国土管理局认为，根据该行政命令最终版油页岩管理总则经济效益显著，因为它会产生 1 亿美元或更多的经济效益。管理与预算办公室审核了该管理总则。

⑤ 第 12988 号行政命令（民事司法制度改革）。

国土管理局认为，最终版油页岩管理总则不会过多增加司法系统的负担，它符合该行政命令的要求。

⑥ 第 13132 号行政命令（联邦制）。

国土管理局认为，最终版油页岩管理总则不会对有关州、联邦政府与州政府的关系或者各级政府的权利与职责分配产生实质性的影响。

⑦ 第 13175 号行政命令（同部落咨询与协调）。

国土管理局认为，根据本行政命令最终版油页岩管理总则可能包括一些对部落有影响的政策，国土管理局与可能受到影响的部落共同商议了建议的规章。

⑧ 第 13211 号行政命令（能源）。

国土管理局确认最终版油页岩管理总则很可能增加能源的生产，而不会对能源的供应、分销或使用产生负面效应。

⑨ 第 13352 号行政命令（合作保护）。

国土管理局确认最终版油页岩管理总则不会妨碍合作保护；保留个人所有权合适账户，并考虑其利益或者土地上的其他法律认可的利益或自然资源；正确地协调地方政府参与联邦决策，并提供与保护公众健康和安全一致的计划、项目和活动。

辛西亚·布鲁赫的报告
——科罗拉多河上游流域油页岩开发用水权 ❶

（美国法律部门）

摘　要

人们对全球原油价格波动和产量下滑的担忧重新唤起了大家对潜在资源——油页岩的兴趣。2005 年的《能源政策法案》（P.L. 109-58）将油页岩确定为国内重要的战略资源，并指示内政部推动油页岩的商业化开发。不过，油页岩的开发需要大量的水，而拥有几处油页岩储量的科罗拉多河流域水供应有限。据新闻报道，该地区拥有用水权的石油公司几十年都没有使用过用水权，而其他拥有用水权的人可将该地区的水用于农业和市政需要。因为相关州的用水权系统性质差异，如果将来石油公司要行使他们的用水权，则该流域的这些用户将面临巨大的用水限制。本报告将简要描述科罗拉多州、犹他州和怀俄明州的用水权状况，包括对目前用水权性质的改变和可能放弃未使用过的用水权。

人们对原油价格和供应的担忧再次激起人们对可替代能源供应的兴趣，包括开发油页岩以帮助解决美国的能源需求[1]。开发油页岩资源的工艺需要大量的水供应，据新闻报道，现在石油公司在有油页岩储量州拥有优先的用水权[2]。下面将说明，这些州的用水权是基于优先权制度分配的，在这种分配制度下，先申请者用水权优于后申请者。据说这些优先权几十年都没有使用过，这就允许用水权后申请者使用水资源[3]。因为相关州的用水权系统性质差异，如果将来石油公司要行使他们的用水权，则该流域的这些用水权后申请者用户将面临巨大的用水限制。本报告将简要描述科罗拉多州、犹他州和怀俄明州的用水权状况，包括对目前用水权性质的改变和可能放弃未使用过的用水权。

一、科罗拉多河流域用水权

用水权法规传统上是州政府而不是联邦政府管辖的领域，各州就是选用这种用水权法规给用户分配用水权[4]。西部的州，包括科罗拉多州、犹他州和怀俄明州，通常遵循以前的用水权分配原则，一般称为"先入优先权"。这些州一般比较干燥，常经历水资源短缺问题。这种分配惯例，在水荒时期通过指定高级和初级用水权使用户能够获得一定水量的确定用

❷ 本报告是 2008 年 11 月 18 日国会研究服务处报告 RS22986 编辑、摘选和扩展版本。

水权。

在分配惯例原则下，从河道取水并合理使用水资源的人能获得用水的权利[5]，用户与河道的相对位置（不管是上游、下游、邻近或遥远）不影响获得用水权的能力。通常在用水权分配惯例原则下，用户向管理用水权获取与变更的州管理机构申请许可证。分配惯例原则，基于州政府颁发许可证时的优先权限制用户的用水量，先申请者（高级用水权）的用水权优于后申请者（初级用水权），用户根据获得许可的先后顺序而不是可用水量满足其需求。因此，在缺水时期，初级用水权用户就得不到需要的水。

二、影响科罗拉多河流域用水权的州法律

科罗拉多河流域用水权问题源于许多用户争抢有限的水资源供应，满足农业与市政用水的初级用水权用户，潜在地受到拥有高级用水权的石油公司用水限制。近 10 年来，高级用水权用户没有使用过水资源，因此初级用水权用户一直能够用水满足他们的需求。现在人们争论的是：若出现水资源短缺，两类用户都希望用水而引发的用水权性质与管理问题，现存的用水权是否需要修正以适应环境变化，可行的选择是用户能否从另一方获得未使用的用水权。

用水权一般通过州行政许可系统确立，该系统分配水资源。用水权申请人必须向相关行政机关提交申请表，该机关负责标注用水权优先级别。州法律规定水资源是州政府财产，但用水权是州水资源使用优先级别的个人财产[6]。具体的用水权性质可能各州不同，比如科罗拉多州，用水权可以是绝对的或者有条件的[7]。绝对用水权分配给引水并用于经营获利的用户，而有条件用水权允许用户保留用水优先权至其分水设施完成用水之时[8]。换句话说，绝对用水权用户能全面满足用水需要，有条件用水权用户就不能全面满足用水需要，而是在所有要求满足后能获得有条件的用水权。犹他州法律规定申请表在要求的法律程序下完善后用水权就成为不动产，这就表示向州政府申请了财产权[9]。怀俄明州向用水权申请人颁发许可证，给用户时间建设和完成取水用水项目[10]。在项目完成前用水权不是永久的，可能存在争议或者被取消。就科罗拉多河流域科罗拉多州油页岩而言，石油公司都拥有绝对用水权和有条件用水权。用水权性质可能影响将来水资源的使用，并给初级用水权用户挑战高级用水权用户的长期有效性提供了依据。

如果用水环境变了，初级用水权用户和高级用水权用户可能都想调整某些用水权，比如在科罗拉多州，高级用水权用户可能想将有条件用水权转变为绝对用水权。其他州的法律允许环境条件变化后更改用水权性质，比如初级用水权用户和高级用水权用户可能想更改他们获得用水权时的位置或目标参数。用水权通常按具体配水地点、用水地方和用水目的分配。为了改变取水点或更改用水位置或目的，用水权用户必须向相关州政府机关申请[11]，受理申请的机关会考虑变更是否超过历史纪录以及是否损害其他用户的用水权等因素[12]。

每个州的初级用水权用户可能想通过用水权转换程序获得高级用水权以确保用水安全。在科罗拉多州,用户向相关州机关备案用水权转换并且该用水权转换不会损害其他用户,则用水权可以购买、出售或租赁给其他项目[13]。同样,犹他州水法规定只要州政府批准了用水权转换,则用水权可以购买或出售[14]。根据犹他州的法律,用水许可证上的用水权与土地或用水地点关联而不是与个人关联[15]。用水权只能与土地,或者向州政府相关机构申请改变用水地点时一并转换。

如果不使用用水权,高级用水权用户可能失去用水权。科罗拉多州要求有条件用水权用户定期使用用水权[16]。根据州政府法律,在某些情形下,其他的用水权也可能丧失。如果高级用水权用户失去了用水权,则供给初级用水权用户的水资源会增多。在科罗拉多州,如果用水权10年不用,或者有意放弃用水权,则用水权可能作废[17];在犹他州,用水权可被废弃或被没收[18]。对将要放弃的用水权,用户必须有放弃意向,且没有时间要求;而对于没收的用水权,则5年内不得使用。在怀俄明州,用水权废弃有3种形式[19]:(1)用户自愿放弃用水权;(2)因5年内未使用用水权,如重新激活用水权会损害本人的权利,则用户可声明该用户的用水权作废;(3)如果5年内未用水,且资源重新分配能服务公众利益,则州政府可以声明用水权作废。上述作废的用水权流转回州政府,将来可重新分配。

三、河流与州际水资源分配法律

州政府水法管理州内水资源的分配,但水资源极少局限于州境范围内。相反,像科罗拉多河流域,水资源分布在几个州内,因此,州际间常争夺共享的水资源,从而引起州际间的水资源纷争[20],这种纷争可用不同的方式解决。最常用的两种方法是美国最高法院的公平分配办法[21]和各方谈判达成且国会批准的州际协议[22]。科罗拉多河流域不排除水资源纷争,同样遵循通常称为河流法的一些司法决议和州际协议。

除了各州分配水资源的规章外,河流法管理科罗拉多河流域的水资源;该法是许多整体管理全科罗拉多河流域水资源分配的法规和协议的汇编[23]。因为科罗拉多河流域包含几个州,各州对水资源的需求不同,但都享用同样的水资源,一系列的法院决议、法规、州际协议和国际条约处理科罗拉多河水资源的使用和管理问题[24]。这些构成河流法的法规和协议在州际间分配科罗拉多河流域的水资源,并提出了很多水资源分配参数。因此,河流法不直接管理个人的用水权,但它限制每个州的水资源配额。

参 考 文 献

[1] For more information on oil shale development, see CRS Report RL33359, Oil Shale: History, Incentives, and Policy, by Anthony Andrews.

[2] Gary Harmon, 'Oil Shale 800-pound Gorilla' With Predictions of Water Use, JSentinal.com, September 19,

2008; Todd Hartman, Groups Seek Answers About Oil Shale's Impact on Water, Rocky Mountain News, June 8, 2007; Leslie Robinson, Commentary: Oil Shale Development Could Force a Choice Between Gas and Food, The Colorado Independent, June 26, 2008.

[3] Id.

[4] Depending on the individual state's resources and historical development, it may use one of three doctrines of water rights: riparian, prior appropriation, or a hybrid of the two. Under the riparian doctrine, a person who owns land that borders a watercourse has the right to make reasonable use of the water on that land. Rather than having appropriated quantities of water per user, users must share the water resources and reduce their usage proportionally in times of shortage. See generally A. Dan Tarlock, Law of Water Rights and Resources, ch. 3, "Common Law of Riparian Rights."

[5] See generally id. at ch. 5, "Prior Appropriation Doctrine."

[6] Colo. Const. art. XVI, § § 5–6; Utah Code Ann. § 73–1–1(2007); Wyo. Stat. Ann. § 41–3–101(2007).

[7] Colo. Rev. Stat. § 37–92–301(2007).

[8] Conditional rights holders must demonstrate reasonable diligence in completing the diversion every six years in order to maintain the conditional water right. Upon completion of the diversion, the user may apply for an absolute water right, which would have a priority dating back to the date of the conditional right. Id.

[9] Utah Code Ann. § 73–1–10. The distinction of a real property right from a personal property right affects the options available to water users regarding transferability. As real property, perfected water rights must be conveyed by deed to the new holder.

[10] See Wyo. Stat. Ann. § 41–4–501 et seq.

[11] Colo. Rev. Stat. § 37–92–302; Utah Code Ann. § 73–3–3; Wyo. Stat. Ann. § § 41–3–104, 41–3–114.

[12] See, e.g., Colo. Rev. Stat. § 37–92–302.

[13] Strickler v. Colorado Springs, 16 Colo. 61(1891).

[14] Utah Code Ann. § 73–1–10.

[15] Wyo. Stat. Ann. § 41–3–323.

[16] Colo. Rev. Stat. § 37–92–301.

[17] Colo. Rev. Stat. § 37–92–103(2). Conditional rights may be considered abandoned if the user does not demonstrate the reasonable diligence required by state law. See Colo. Rev. Stat. § 37– 92–301.

[18] Utah Code Ann. § 73–1–4.

[19] See Wyo. Stat. Ann. § 41–3–401.

[20] At least 47 states and the District of Columbia have been involved in interstate water disputes. See Documents on the Use and Control of the Waters of Interstate and International Streams: Compacts, Treaties, and

Adjudications, H.R. Doc. No. 319,90th Cong. 2d Sess.(1968). An online collection of interstate compacts can be accessed at http://ssl.csg.org/compactlaws/ comlistlinks.html.

[21]The U.S. Supreme Court has original jurisdiction to hear disputes between states. U.S. Const., Art. III, § 2, cl. 1. If a state pursues litigation against non-state parties, as occurred in the Apalachicola–Chattahoochee–Flint dispute, the case must be initiated in lower courts, and only reaches the Supreme Court as a final appeal.

[22]Generally, an interstate compact, which creates a binding agreement between two or more states, requires congressional approval in addition to approval by the states involved in the agreement. U.S. Const., Art. I, § 10, cl. 3.

[23]Some of the laws and agreements that comprise the Law of the River include the Colorado River Compact of 1922, the Boulder Canyon Project Act, the Mexican Water Treaty of 1944, the Upper Colorado River Basin Compact of 1948, the Colorado River Storage Project of 1956, the Colorado River Basin Project Act of 1968, and the U.S. Supreme Court decision in Arizona v. California.

[24]The Colorado River Basin states include Arizona, California, Colorado, Nevada, New Mexico, Utah, and Wyoming.

国外油气勘探开发新进展丛书（一）

书号：3592
定价：56.00 元

书号：3663
定价：120.00 元

书号：3700
定价：110.00 元

书号：3718
定价：145.00 元

书号：3722
定价：90.00 元

国外油气勘探开发新进展丛书（二）

书号：4217
定价：96.00 元

书号：4226
定价：60.00 元

书号：4352
定价：32.00 元

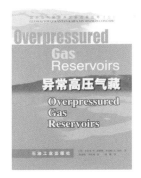

书号：4334
定价：115.00 元

书号：4297
定价：28.00 元

国外油气勘探开发新进展丛书（三）

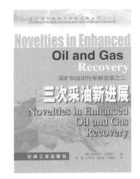

书号：4539
定价：120.00 元

书号：4725
定价：88.00 元

书号：4707
定价：60.00 元

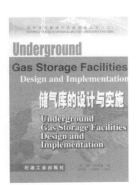

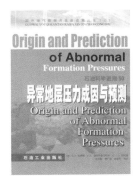

书号：4681
定价：48.00 元

书号：4689
定价：50.00 元

书号：4764
定价：78.00 元

国外油气勘探开发新进展丛书（四）

书号：5554
定价：78.00 元

书号：5429
定价：35.00 元

书号：5599
定价：98.00 元

书号：5702
定价：120.00 元

书号：5676
定价：48.00 元

书号：5750
定价：68.00 元

国外油气勘探开发新进展丛书（五）

书号：6449
定价：52.00 元

书号：5929
定价：70.00 元

书号：6471
定价：128.00 元

书号：6402
定价：96.00 元

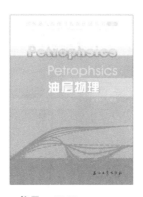

书号：6309
定价：185.00 元

书号：6718
定价：150.00 元

国外油气勘探开发新进展丛书（六）

书号：7055
定价：290.00 元

书号：7000
定价：50.00 元

书号：7035
定价：32.00 元

书号：7075
定价：128.00 元

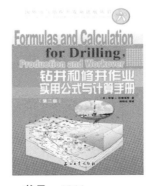

书号：6966
定价：42.00 元

书号：6967
定价：32.00 元

国外油气勘探开发新进展丛书（七）

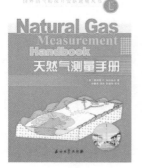

书号：7533
定价：65.00元

书号：7802
定价：110.00元

书号：7555
定价：60.00元

书号：7290
定价：98.00元

书号：7088
定价：120.00元

书号：7690
定价：93.00元

国外油气勘探开发新进展丛书（八）

书号：7446
定价：38.00元

书号：8065
定价：98.00元

书号：8356
定价：98.00元

书号：8092
定价：38.00元

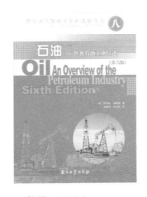

书号：8804
定价：38.00元

书号：9483
定价：140.00元

国外油气勘探开发新进展丛书（九）

书号：8351
定价：68.00元

书号：8782
定价：180.00元

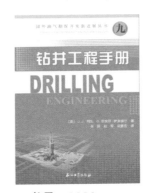

书号：8336
定价：80.00元

书号：8899
定价：150.00元

书号：9013
定价：160.00元

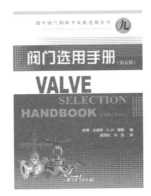

书号：7634
定价：65.00元

国外油气勘探开发新进展丛书（十）

STRATIGRAPHIC RESERVOIR
CHARACTERIZATION FOR PETROLEUM GEOLOGISTS,
GEOPHYSICISTS AND ENGINEERS
油气储层表征

书号：9009

定价：110.00元

DEEP-WATER PROCESSES AND
FACIES MODELS:
IMPLICATIONS FOR SANDSTONE PETROLEUM RESERVOIRS
深水沉积过程与相模式
对砂岩油气藏的意义

书号：9989

定价：110.00元

COLLECTION OF SPE AND IPTC
PAPERS ON NATURALLY FRACTURED
RESERVOIRS AND UNCONVENTIONAL RESERVOIRS
碳酸盐岩油气藏开发新技术

书号：9574

定价：80.00元

NATURAL GAS
ENGINEERING
HANDBOOK
天然气工程手册

书号：9024
定价：96.00元

NATURAL GAS
PRODUCTION
ENGINEERING
天然气开采工程

书号：9322
定价：96.00元

SUBSEA
PIPELINE
ENGINEERING
海底管道工程
（第二版）

书号：9576
定价：96.00元

国外油气勘探开发新进展丛书（十一）

PIPELINE RISK
MANAGEMENT MANUAL
IDEAS,TECHNIQUES AND RESOURCES (3rd Edition)
管道风险管理指南
理念、技术及资源
（第三版）

书号：0042
定价：120.00元

OIL AND GAS
EXPLORATION AND PRODUCTION
RESERVES,COSTS,CONTRACTS
油气勘探与生产
储量、成本及合约

书号：9943
定价：75.00元

PIPELINE PLANNING AND
CONSTRUCTION FIELD MANUAL
管线规划及现场施工手册

书号：0732
定价：75.00元

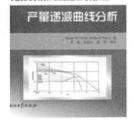

书号：0916
定价：80.00元

书号：0867
定价：65.00元

书号：0732
定价：75.00元

国外油气勘探开发新进展丛书（十二）

书号：0661
定价：80.00元

书号：0870
定价：116.00元

书号：0851
定价：120.00元

书号：1172
定价：120.00元

书号：0958
定价：66.00元

国外油气勘探开发新进展丛书（十三）

书号：1046
定价：158.00元

书号：1167
定价：165.00元

书号：1645
定价：70.00元

书号：1259
定价：60.00元

书号：1875
定价：158.00元

书号：1477
定价：256.00元

国外油气勘探开发新进展丛书（十四）

书号：1046
定价：158.00元

书号：1855
定价：60.00元

书号：1874
定价：280.00元